모기가 우리한테 해 준 게 뭔데?

옮긴이 추미란

동국대학교와 인도 델리대학교에서 인도 역사와 철학을 공부했다. 현재 독일에 거주하며 독어·영어 출판 전문 기획자 및 번역가로 활동하고 있다. 자기계발, 철학, 역사, 명상, 종교, 뉴에이지, 뇌과학, 양자역학, 사진 분야에서 40권이 넘는 책을 번역했다. 옮긴 책으로는 『당신도 초자연적이 될 수 있다』, 『소크라테스, 붓다를 만나다』 등이 있다. 명상, 긴 산책, 낯선 나라로의 여행, 개와 고양이, 그림, 요리 등 소소한 깨달음을 주는 삶의 모든 것을 사랑하며 살고 있다.

모기가 해 준 게 우리한테 뭔데?

Was hat die Mücke
je für uns getan?

프라우케 피셔 · 힐케 오버한스베르크 지음

추미란 옮김

절박하고도
유쾌한
생물 다양성
보고서

북트리거

아무 일 아닌 듯, 완벽하게, 아름답게
우리를 살리는 생물들

디르크 슈테펜스(독일 저널리스트·방송인)

지구상의 생물은 약 35억 년 전에 처음 등장한 이래로 지금까지 끊임없이 진화해 왔다. 수많은 생물이 나타났고 사라졌는데 이것은 생물 다양성의 유지에 꼭 필요한 일이었다. 그리고 오랫동안 사라지는 수보다 나타나는 수가 더 많아서 생물 다양성이 매우 좋았던 시기도 있었다.

그 시기, 나무 위의 원숭이 한 마리도 그 진화의 과정에 합류했다. 나중에 이 원숭이가 수면에 비친 모습이 자신임을 알아차리게 되고 시도 지으며 살다가 마침내는 지구를 조금씩, 하지만 완전히 바꾸게 된다. 그리고 이제 그 '현대 인류'가 지구 전체를 지배하고 있는데 이것은 아주 많은 다른 종에게 결코 좋은 소식이 아니다.

현재 지구에서 살아가는 포유류 중 오직 4%만이 야생동물이다. 인간, 소, 돼지가 포유류의 96%를 이루고 있다. 지구상의 인간들을 모두 시소의 한쪽에 앉히고 그 반대쪽에 야생 포유류를 앉게 한다면 인간 쪽이 밑으로 내려가 꽝 하고 박힌 다음, 꿈쩍도 하지 않을 것이다. 우리 인간이 지구상의 야생 포유류 동물을 다 합친 것보다 최소 열 배는 더 무겁다. 시소의 맞은편에 앉아 있는 것들이 코끼리, 대왕고래, 하마 들이라고 해도 말이다.

지구 역사상 대멸종의 시기가 지금까지 다섯 번 있었다. 약 6,600만 년 전이 가장 최근의 일이다. 거대 유성이 떨어져 대기에 큰 먼지구름을 생성했고 이것이 태양 빛을 차단해 심각한 기후변화와 뒤이은 대멸종을 불러왔다. 그때 거대 공룡들도 희생양이 되었다. 당시 인류가 존재했더라도 멸종 과정을 알아차리지는 못했을 것이다. 길고 긴 대멸종의 시간을 체감하기에는 인간의 수명이 너무 짧다.

그런데 지금은 상황이 아주 다르다. 여기저기서 종, 유전자, 생물 서식지가 너무 빨리 사라지고 있으므로 누구나 실시간으로 볼 수 있을 정도이다. 아니, 실시간으로 보기만 하면 다행이지만 사실 안타깝게도 우리 인간이 이 재앙의 원인 제공자들이다. 인류세●란 곧 6차 대멸종의 시기를 뜻한다. 1970년부터 지금까지 호모사피엔스 덕분에 지구상의 포유류가 60% 줄어들었다. 깜짝 놀랄 숫자지만 이 정도로 동물들이 사라지고 있음을 사람들은 잘

● 　　현재와 같이 인류가 지질학에 큰 영향을 주는 시기를 뜻한다.

알아차리지 못한다. 사방이 닫힌 방, 보행자 전용 길, 쇼핑센터, 아파트처럼 자연과 동떨어진 환경에서 일상을 보내기 때문이다. 아주 소수의 사람만이 언제부턴가 새가 우는 소리, 곤충이 윙윙대는 소리를 들을 수 없음을 알아차릴 뿐, 대부분은 과학자들과 환경 운동가들이 말해 주지 않으면 전혀 모르고 살아간다.

이 6차 대멸종이 지금 인류에게 가장 큰 문제가 아닐 수 없는데, (기후변화 문제와는 또 조금 다르게) 이 과정이 가속화한다면 미래에 인류가 어떻게 살아남을지가 아니라 과연 살아남을 수 있을지 자체가 불투명해지기 때문이다. 생물 다양성은 생태계 작동에 꼭 필요하고 생태계가 제대로 작동하지 않으면 우리도 모두 살 수 없다. 그런데도 우리는 지금 우리가 몹시도 필요로 하는 바로 그것을 파괴하고 있다. 그러므로 생물 다양성이 우리의 삶과 어떤 연관이 있는지 이해하는 것이 우리 모두에게 시급한 문제이다.

그런 의미에서 나는 이 책을 만나게 되어 매우 기쁘다. 이 책은 우리가 잘 살기 위해 꼭 필요한 **우리 삶의 다양한 부분들**(음식, 건강, 에너지 등등)이 **우리 주변의 다양한 생물들**에게 얼마나 의존하고 있는지를 머리에 쏙 들어오도록 쉽고 재미있게 설명해 준다. 우리는 우리 삶의 기본 조건을 스스로 파괴하지 않으려면 어디에서 어떻게 만회해야 하는지, 어떤 면에서 생물 다양성에 영향을 주고 도움을 줄 수 있는지 이해하고 잘 알아야 한다.

나는 우리가 잘 살 수 있도록 모기를 비롯한 지구상의 모든 종과 생태계가 해 준 일에 더할 수 없이 감사한다. 심지어 아무 일 아니라는 듯, 게다가 완벽하게, 무엇보다도 아름답게 그 일들을 해내니 늘 놀라움을 금할 수 없다. 이 책의 저자들이 '생명의 월드 와이드웹'World Wide Web of Life이라고 부르는 것, 그 안에 얽힌 인간의 역할을 우리 인간들이 빨리 알아차리고 제대로 행동하기를 바란다.

CONTENTS

추천의 말
아무 일 아닌 듯, 완벽하게, 아름답게
우리를 살리는 생물들 4

프롤로그
800만분의 1종인 인간들에게 11

1부
인간이 없어도
지구는 잘 돌아가겠지만

Chapter 1
생물 다양성의 세계 17
Chapter 2
멸종의 티핑 포인트 47

에필로그
2100년의 세상 276

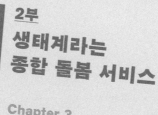

2부
생태계라는
종합 돌봄 서비스

Chapter 3

식사 준비됐습니다 - 생물 다양성과 음식 71

Chapter 4

빠른 쾌유를 빕니다 - 생물 다양성과 건강 93

Chapter 5

당신 곁의 슈퍼히어로 - 생물 다양성과 안전 115

Chapter 6

같이 좀 삽시다 - 생물 다양성과 도시 137

Chapter 7

떴다, 인간! - 생물 다양성과 여행 163

Chapter 8

세상을 둘리는 힘 - 생물 다양성과 에너지 179

Chapter 9

살아 숨 쉬는 연구실 - 생물 다양성과 기술 195

3부
인간이 우리한테
해 준 게 뭔데?

Chapter 10

자연에 가격표를 달아도 될까 211

Chapter 11

유지하기와 바로잡기 221

Chapter 12

필요한 건 팀플레이 243

800만분의 1종인 인간들에게

신학기 학부모 모임이든 취임식이든, 아니면 신입생 환영회든 간에 어떤 사람이 올지는 늘 비상한 관심거리이다. 그렇다면 다양한 생물들이 처음 만나는 파티는 어떨까? 대충 이런 모습일 듯하다.

"저기 매달려 있는 것, 벨벳과일먹는박쥐 아냐? 당연하지. 머리를 아래로 하고 있군(그야 박쥐니까 그렇지). 웃음물총새와 노닥거리고 있나? 브리샤르디의 환심을 사려는 것도 같은데? 그래도 '비벼대는 난봉꾼'●은 얌전하군(버섯인데 뭐, 얌전할 수밖에 없지). 방황하는 바이올린사마귀랑 동애등에는, 돌나물이랑 노랑물봉선화가 줄지어 핀 길을 산책하고 있네. 그리고 상자해파리, 청자고둥, 둥근곰팡이딱정벌레는 누구 생김새가 더 완벽한지 토론하고 있군. 산호

● 독일어로 '뢰텔른데 뷔스틀링'(rötelnde wüstling)이다.

버섯은 색깔이 어두워졌네. 향기나는벚꽃버섯●은 딱 보니까 평탑 달팽이가 냄새 맡고 출동하기 전에 오느라 허둥댄 것 같아. 흰왕관로빈채팅은 머리카락을 다시 한번 정돈하고 있네(그러니까 머리 깃털을 한번 세차게 흔드는 중). 윤조식물, 유럽랜턴플라이, 헤드&테일라이트테트라는 집으로 가는 길을 안내하고 말야.● 개복치가 꿈꾸듯 그쪽을 바라보네… 집에 가면 얼마나 좋을까 하고."

실제로는 절대 일어나지 않을 파티지만 이들은 모두 진짜로 존재하는 동식물종이다. 추측건대 우리는 이들을 비롯한 800만 종과 함께 이 지구를 공유하고 있다. 이 정도로 방대한 생물 다양성은 상상하기도 쉽지 않은데 이 책에 나오는 단어의 수와 비교해 보면 감이 잡힐지도 모르겠다. 이 책은 약 4만 개의 단어로 구성되어 있다. 이런 책이 200권 모이면 800만 단어가 된다. 이 단어 하나하나가 각각의 종이다. 그렇다면 우리 인간은 이케아 빌리 책장 하나를 가득 채우는 200권의 책 속 단어 하나인 셈이다.

그런데도 이 세상의 많은 일이 인간 위주로 돌아간다. 이 책도 우리 인간과, 우리가 세상을 보는 관점을 다룰 것이다. 하지만 '다른 종들' 없이는 '우리'도 생각조차 할 수 없음을 무엇보다 강조할 것이다. 그러므로 인간과 자연의 이분법은 더 이상 통하지 않

● '벚꽃버섯'을 가리키는 독일어 'Schneckling'은 달팽이라는 뜻도 있다.
● 세 생물의 이름이 각각 '여러 개 팔이 있는 촛대', '등불 운반인', '전조등·후미등'이라는 뜻을 담고 있기 때문에, 의인화하여 '길을 안내한다'고 표현했다.

는다. 인간도 자연의 일부이고 사실 우리 인간 삶에서 그 '다른 종들'의 기능에(다시 말해 온전한 상태의 자연에) 의존하지 않는 부분은 하나도 없기 때문이다.

사람들에게 물어보면 대부분 환경보호가 바람직하다고 말한다. 하지만 살면서 기본적으로 필요로 하는 것들을 얻고 편안한 일상을 누리기 위해 우리가 생태계의 다양한 기능들에 얼마나 의존하고 있는지, 그리고 다른 누구도 아닌 우리 자신을 위해 환경보호가 얼마나 꼭 필요한지 체감하고 있는 사람은 그다지 많지 않다. 생태계가 잘 작동하려면 어떤 생물과 서식지가 필요한지는 더더욱 잘 알지 못한다. 따라서 우리는 마트에 물건을 사러 가는 일과, 열대우림 및 산호초가 파괴되고 있는 현실을 연결해 생각하지 못한다. 이 연결이 사실은 매우 적절함에도 말이다.

이 책에서는 우리의 일상이 생물 다양성과 어떤 관계에 있는지 분명히 살펴보려 한다. 그리고 개인이자 사회 구성원으로서 자연을 좀 더 잘 이용하는 법과, 인간 고유의 (경제적) 관심을 지금까지보다는 좀 더 영리하게 추구하는 법을 살펴볼 것이다.

세상에서 가장 커다란 아내를 둔 자는 누구인가?
라이거의 아버지는 누구인가?
아널드 슈워제네거가 딱정벌레와 무슨 상관인가?
생물 다양성 퀴즈왕이 되고 싶다면,
아프리카코끼리부터 검은다리솔새에 이르는
매혹적인 세계로 함께 빠져들어가 보자.

1부

인간이 없어도
지구는 잘 돌아가겠지만

생물 다양성의 세계

생물 다양성 혹은 생물 다양화란, 말 그대로 지구상에 서식하는 생물의 다양함을 뜻한다(언젠가 다른 행성에서 우주 생물을 발견한다면 그 행성도 포함한다). 동시에 **종의 다양성**(내 개와 내 이웃의 고양이는 종이 다르다), 종 내 **유전자의 다양성**(슈미트 부인은 마이어 부인과 다르고 뮬러 씨와도 다르다), 그리고 종들이 살아가는 **생태계의 다양성**(열대우림, 사막 등등)을 포괄하는 개념이다.

종, 유전자, 그리고 생태계의 다양성이 빚어내는 이 삼화음을 잘 알아야 생물 다양성의 진정한 의미를 제대로 이해할 수 있다. 종의 다양성은 좋아도 각각의 종 내 유전자의 다양성, 즉 개인적 특질이 부족한 동식물은 쉽게 멸종한다. 동종 교배가 흔해지고 병원체 활동이 쉬워지기 때문이다.

반대로 종의 수는 적고 각각의 종 내 유전적 다양성만 클 때도 생태계가 제대로 기능할 수 없다. 이것은 이를테면 벽돌공과 요리

사만 있는 도시와 비슷하다. 각각 다른 벽돌공과 요리사가 아무리 많아도 소용없다. 아이들을 가르치고, 자전거를 고치고, 아픈 이들을 돌볼 사람이 없을 테니까. 생태계(도시)가 살아 움직이기에는 종(직업군)이 너무 적은 것이다.

생태계 다양성도 그만큼 중요하다. 갯지렁이Arenicola marina에게 열대우림은 종의 다양성이 아무리 살아 있어도 좋을 게 없다. 갯지렁이는 자신에게 맞는 생태계 요인들(넓은 생활공간과 그 생태계 내 생물 간 상호작용 및 생태계 흐름)이 있어야 살 수 있다. 그런 생활공간이 사라지거나 생태계 흐름이 크게 변한다면 그곳에 사는 종들도 사라진다. 그곳이나 다른 곳이나 우리 인간의 눈에 얼마나 더 아름답게 보이느냐는 중요하지 않다.

주변의 종들과 생태계에 우리가 얼마나 연결되어 있는지, 더 정확하게 말해 그것들에 우리가 얼마나 의존하고 있는지 분명히 알고자 한다면(이것이 우리가 이 책을 통해서 이루고자 하는 일이다), 앞서 말한 세 가지 다양성의 범주를 항상 염두에 두고 있어야 한다.

그럼 이제부터 우리 주변의 종들이 왜 줄어들고 있고 이것을 막으려면 어떻게 해야 하는지 본격적으로 하나하나 짚어 보기로 하자. 하지만 그 전에 이 장에서는 몇 가지 기본적인 개념들을 설명하고 넘어가야 할 듯하다.

불편한 친척들 — 종이란 무엇인가?

'질서를 부여해야 한다.' 이것은 지금으로부터 약 2,300년 전

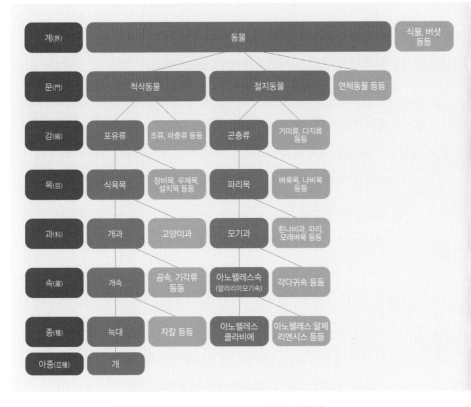

계(界)	동물				식물, 버섯 등등
문(門)	척삭동물		절지동물		연체동물 등등
강(綱)	포유류	조류, 파충류 등등	곤충류	거미류, 다지류 등등	
목(目)	식육목	장비목, 우제목, 설치목 등등	파리목	벼룩목, 나비목 등등	
과(科)	개과	고양이과	모기과	흰나비과, 파리, 모래벼룩 등등	
속(屬)	개속	곰속, 기각류 등등	아노펠레스속 (말라리아모기속)	각다귀속 등등	
종(種)	늑대	자칼 등등	아노펠레스 클라비에	아노펠레스 알제리엔시스 등등	
아종(亞種)	개				

칼 폰 린네의 종 명명법에서 개와 말라리아모기의 예

에 이미 모든 생명체를 '완벽함의 정도'에 따라 구분하여 '자연의 사다리'Scala naturae를 만들었던 아리스토텔레스가 했던 생각이다. 이 사다리는 '자연의 모든 대상'에 등급을 매겨 줄을 세웠는데 간단한 형태에서부터 복잡한 형태로 올라가는 식이었다. 그리고 그 가장 높은 곳에는 당연히 인간이 있었다. 인간보다 더 위에 오를 존재는 신밖에 없었을 것이다.

현대의 우리는 지구가 살아 있는 생명체이며 하나의 줄기가 아니라 수풀에 가깝게 아주 다양한 방향으로 진화한다는 사실을 잘 알고 있다. 모기부터 인간까지 현재 존재하는 생물은 모두 똑같이 각자만의 긴 진화의 길을 걸어왔으므로 점점 완벽해지는 차례대로 순서를 정할 수는 없다.

하지만 질서를 부여하려는 바람은 여전히 살아 있어서, 자연과학의 발전과 더불어 '분류' 개념도 확정되었다. 그래도 이제는 이른바 완벽성의 정도가 아니라 관계의 밀접성에 따라 분류하여 하나의 지도를 완성하려고 노력한다. 그중 18세기 중엽에 스웨덴의 칼 폰 린네가 처음 분류한 것이 현재 가장 많이 알려져 있다.

인간이 만든 이 생물 분류 상자를 보면 종種이 가장 작은 단위이다. 두 종으로 나눌 만큼 차이가 뚜렷하지는 않지만 이미 상당히 다른 생물이라면 아종亞種으로 더 작게 분류하기도 한다. 유용식물, 유용동물, 집짐승의 경우에는 흔히 아종으로 분류하기보다는 식물은 품종으로, 동물은 종족으로 구분해 부른다.

그런데 인간Homo Sapiens과 침팬지Pan troglodytes가 서로 다른 두 종일 뿐만 아니라 서로 다른 두 속이기도 하며, 서로 다른 종족인 도게와 닥스훈트가 둘 다 늑대Canis lupus의 아종인 개Canis lupus familiaris에 속한다는 사실을 누가 혹은 무엇이 결정하는가?

개가 늑대, 늑대가 개?

늑대는 개, 여우, 자칼 등과 함께 개과에 속한다. 개가 늑대의 아종인데, 늑대는 개과라니? '개'라는 통상적인 개념이 분류학적으로는 부정확할 수 있다는 뜻이다.

여기서 역사적으로 두 가지 방법이 등장한다. **생물학적 종개념**과 **형태학적 종개념**이 그것이다. 생물학적 종개념은 두 유기체가 자손을 만들 수 있을 뿐만 아니라 그 자손의 자손까지 생산할 수 있을 때 같은 종에 속한다고 확정한다. 형태학적 종개념은 말 그대로 외모적인 특징 또는 유전자적 유사점에 근거해 같은 종에 속한다고 확정한다.

하지만 둘 다 생각처럼 그렇게 확정적으로 보이지는 않는다. 접시꽃과 유럽흑송을 구분하기란 쉽고 기린과 아프리카코끼리의 교배를 볼 일도 없겠지만(그들의 손자는 더 말할 것도 없다) 두 가지 종개념 중 어떤 것으로도 설명할 수 없는 경우 또한 아주 많기 때문이다. 주변에서 일어나곤 하는 다양한 일들을 모두 설명할 수 있는 설득력 있는 방법이 아직은 없다. 모든 종이 끊임없이 진화하고 발전하는 과정에 있는데, 짧은 생을 사는 인간에게는 그 과정이 흘러가는 영화의 장면이라기보다는 하나의 캡처 화면처럼 보이기 때문이다. 세상을 그렇게 간단명료하게만 본다면 살아 움직이는 환경이 그저 변하지 않는 종들의 집합체인 것 같고, 그 종들은 분명 서로 전혀 상관이 없을 것 같고, 급기야 상관이 없어야만 할 것 같다.

예를 들어 말*Equus caballus*과 당나귀*Equus asianus*의 생물학적 종개념을 한번 보자. 둘의 조상은 같다. 암말과 수탕나귀를 교배하면 노새가 나온다. 반대로, 아빠가 말이고 엄마가 당나귀면 그 자식은 버새라고 한다. 노새와 버새는 기본적으로 생식 능력이 없고 따라서 공식적인 (라틴어) 종명이 없다. 그러므로 우리는 말과 당나귀를 서로 다른 두 종으로 본다. 그런데 노새가 새끼를 낳는 경우가 흔치는 않아도 분명히 있다. 이 경우, 생물학적 종개념에 따르면 그 부모가 사실은 같은 종이어야 한다. 하지만 그 부모가 서로 다른 종으로서 각자의 길을 가기 시작한 지 그리 오래되지 않았다는 것, 그러니까 각자의 종 분화 과정이 여전히 진행 중이었다고 말하는 것이 이 예외적인 생식에 더 정확한 설명이 될 것이다.

내 짝은 어디에

자식이 생식 능력을 갖지 않는 이종 교배로는 사자*Panthera leo*와 호랑이*Panthera tigris*, 큰고래*Balaenoptera physalus*와 대왕고래*Balaenoptera musculus*의 교배도 있다. 사자와 호랑이는 자유로운 야생의 사냥터에서는 사실 서로 만날 일이 없으므로 동물원 같은 갇힌 공간에서만 교배가 이루어지는 반면(둘의 새끼는 라이거 혹은 타이곤이라고 부른다), 큰고래와 대왕고래의 교배는 자연 상태에서도 분명 일어나고 있다. 2018년 여름, 아이슬란드 인근 고래잡이에서 그 표본이 잡혔다. 대왕고래 고래잡이는 세계적으로 불법이다. 큰고래도 대왕고래처

사자 아빠, 호랑이 엄마 밑에서 태어난 라이거

럼 멸종 위기지만 아이슬란드 정부는 2006년 큰고래는 잡을 수 있도록 허용했다. 아이슬란드의 고래잡이들은 잡은 고래가 대왕고래가 아님을 유전자 검사로 증명해야 한다. 덕분에 고래들의 종을 확인할 수 있고, 그러다 두 고래종의 교배라는 생물학적으로 놀라운 일이 일어났음이 알려진 것이다. 대왕고래와 큰고래의 교배종을 잡는 것도 합법이다. 이 교배에는 매우 슬픈 사연이 있었는데 바로 고래들이 자기와 같은 종을 더 이상 찾을 수 없었다는 것이다.

생물학적 종개념에 의지해 종을 확정하는 일이 어려운 또 다른 이유는, 한 종의 개체들을 서로 모두 교배해 볼 수 없다는 것이다. 그러므로 독일 뮌스터 지역의 대륙검은지빠귀를 뮌헨이나 밀라노, 맨체스터, 혹은 모스크바에 사는 대륙검은지빠귀와 교배했을 때 정말 생식 능력이 있는 자손을 생산해 낼 수 있는지, 따라서 같은 종으로 볼 수 있는지는 여전히 의문으로 남는다. 생물학적 종개념으로는, 무성생식을 하는 모든 식물종은 논외로 치더라도 무성생식으로 번식하는 모든 동물종도 분류할 수 없다. 아, 참! 그리고 화석을 보고 고대의 종들을 확정할 때에도 이제 와서 교배 상황을 관찰할 수 없으니 아무래도 곤란한 점이 많다.

수컷 없이 잘 살아

단성생식에 대한 증거는 많은 식물의 휘묻이 번식만으로도 충분했다. 그런데 단성생식을 하는 동물들도 점점 더 많이 발견되고 있다. 이 경우, 수정되지 않은 난세포에서 자손이 태어난다. 특정 호르몬이 수정 상태와 비슷한 상태를 만들면, 이제 지구에 새 거주자

남자가 필요 없는 매끈비늘도마뱀붙이

가 태어나는 것이다. 이런 번식을 하는 생물로는 지금까지 선형동물, 딱정벌레, 진드기, 꿀벌, 달팽이, 전갈, 갑각류, 파충류, 어류, 조류 들이 있음이 증명되었다. 이 종들 중에는 암컷만 있어서 단성생식만 가능한 경우도 드물지 않다. 그 한 예가 매끈비늘도마뱀붙이 *Lepidodactylus lugubris*이다.

생물학적 종개념이 이렇게 불안한 개념이라면 다들 형태학적 종개념을 이용하자고 하지 않겠는가? 하지만 형태학적 종개념도 그것만의 함정이 있다. 예를 들어 올챙이가 개구리가 된다는 사실을 모른다면 그 두 발달 과정을 두 개의 서로 다른 종으로 볼 수도 있다. 형태상의 큰 차이에 의한 이런 문제가 (올챙이/개구리, 애벌레/나비 같은) 변태를 거치는 동물들에만 국한되는 것도 아니다. 수컷과 암컷의 형태가 아주 다른 것 (이른바 성적 이형)도 종의 구분을 어렵게 한다. 예를 들어 심해아귀*Ceratias holboelli* 수컷은 외견상으로 자신보다 60배 크고 50만 배 무거운 암컷과 전혀 비슷해 보이지 않는다. 심해아귀 수컷은 번식기가 되면 암컷의 배를 꽉 물어 암컷과 한 몸이 되어 기생한다. 실제로 우리는

심해아귀 암컷과 그 배를 꽉 물고 있는 수컷

합체가 되어 있는 그 둘을 함께 발견하고 정확히 조사하기 전까지 오랫동안 심해아귀의 암컷과 수컷을 두 가지 서로 다른 종으로 생각해 왔다.

우리와 좀 더 친한 말과 당나귀의 예시로 돌아와 보아도 헷갈리기는 마찬가지이다. 생김새로 봐서 (백번 양보해) 이 둘이 서로 다른 종임을 받아들인다고 해도, 전혀 다르게 생겼으면서 같은 종인 도게와 닥스훈트에 비교하면 말과 당나귀는 서로 꽤 비슷하게 생기지 않았는가?

형태학적 종개념을 이용한 구분은 유전자 수준에서도 이루어지고 있다. DNA 바코드라 부르는 방법으로 특정 유전자의 염기 쌍(DNA 구성 요소)을 식별하여 (친척 관계를 포함해) 종을 구분한다. 꽤 도움이 되기는 하지만 이 방법도 완벽하지는 않다. 종 내 유전적 변이가 종들 사이의 차이보다 더 큰 경우가 적지 않기 때문이다. 그러므로 3%에 지나지 않는 유전적 차이로 종의 분할을 확정하는 것은 독단적이라 할 수 있고, 짝짓기를 하는 동물이 참고할 만한 한계선도 못 된다.

지금까지 말한 바와 같이 기존의 종개념들이 한계가 있음을 우리는 잘 알고 있다. 따라서 현재로서는 (유전자적·생식적·형태적·진화적) 다양한 측면들을 모두 고려하는 '통합 분류법'이 점점 더 확고한 위치를 차지해 가는 중이다. 그렇다면 이제 다음 질문으로 넘어가 보자.

돌연변이 — 종은 실제로 어떻게 만들어지나?

쌍둥이 같은 소수의 예외를 제외하면 종의 개체들은 각자 모두 다른 개체들이다. 유전적으로 다르고, 따라서 미미하더라도 생김새, 냄새, 행동이 다 다르다. 종 내 이런 유전자의 변이가 새로운 종 생성의 출발점이다.

새로운 종의 발생은 **이소적 종 분화**Allopatric speciation의 경우가 가장 흔하다. 종의 전형들로부터 공간적으로 떨어져 나온 후에 시간이 흘러 새로운 종이 생겨나는 것이다. 지질학적 판 구조의 변형이 원인이 되어 건널 수 없는 바다나 산맥이 생겨났기 때문일 수도 있고, 기후변화 때문일 수도 있고, 통과할 수 없는 온도나 특정 식물 유기체 지역이 생겨났기 때문일 수도 있다. 새로 생긴 이런 경계 탓에 그 경계 '오른쪽과 왼쪽'에 사는 같은 종들의 유전자 집단이 서로 섞이는 것이 불가능해진다. 그럼 순전히 무작위로 서로 다른 각자만의 유전자가 양쪽에서 생겨나기 시작한다. 혹은 다른 쪽에 없는 유전자가 생겨난다고 할 수도 있다. 돌연변이를 통해 서로 다른 유전자를 만들어 가고, 그러다 보면 언젠가는 두 개의 종으로 볼 수밖에 없을 정도의 차이가 나타나게 된다. 물론 두 개의 종으로 완전히 분화할 때까지 양쪽 집단 유전적 전형들의 교배는 여전히 가능하다. 그런 교배가 최종적으로 불가능해지기까지 포유류의 경우는 200만~400만 년이 걸리고 조류의 경우는 약 2,000만 년이 걸릴 것으로 추정된다. 어류의 경우는 종의 분화가 상대적으로 빨라서, 예를 들어 발트해에서 살던 유럽강도다리는

5,000년 안에 새로운 종으로 분화된 것으로 추측된다.

동소적 종 분화 Sympatric speciation, 그러니까 지리적으로 같은 지역에서 새로운 종이 생성될 수도 있다. 동아프리카에 사는 어류 시클리드와 조류 갈라파고스핀치가 그 예이다. 우연히 일어난 돌연변이로 다른 먹이를 애호하거나 주둥이 모양이 달라져서 먹이를 먹는 데 개체 간의 차이가 생겨났고, 시간이 지나며 그 차이가 점점 커져 같은 지역에서 새로운 종이 탄생한 경우들이다.

독일 토착의 연노랑눈솔새*Phylloscopus trochilus*, 검은다리솔새 *Phylloscopus collybita*도 같은 조상에서 나왔다. 문외한의 눈에는 둘이 똑같아 보일 수도 있다. 하지만 소리를 들어 보면 금방 그 차이를 알 수 있고 그래서 서로 짝짓기 상대를 잘못 알아볼 일도 없다. 이 새들은 교미 방식과 이동 경향이 달라져서 서로 다른 종으로 분

찰스 다윈의 진화론에 영감을 준 갈라파고스핀치

화된 것으로 보인다. 종의 생성은 끊임없이 일어나고 있지만 사실 그 과정이 매우 느리므로 우리가 직접 목격하기는 어렵다.

이론적으로만 보면 품종개량을 통해 새로운 품종 혹은 종족 뿐만 아니라 완전히 새로운 종도 만들어 낼 수 있다. 하지만 이는 종이 자연스럽게 생성되는 것만큼이나 오랜 시간이 필요한 일이다. 유일하게 다른 점이라면 개량 품종을 선택하여 인간이 스스로 종의 발전 방향을 결정할 수 있다는 것일 테다. 하지만 일단 (수천) 세대를 거쳐 품종들 혹은 종족들이 서로 다른 두 종으로 보일 때까지 서로에게서 멀어져야 한다.

푸들과 래브라도는 종족이 서로 다르지만, 여전히 비슷해서 언제든 교배할 수 있다. 색깔 스펙트럼으로 말하면 둘은 톤만 살짝 다를 뿐 다른 색은 아닌 셈이다(물론 자연에서와 달리 물감 팔레트에서는 색들이 서로 다 섞일 수 있다는 점에서 꼭 맞는 비유는 아니다). 새로운 종을 개량해 내기까지는 수천 년이 걸릴 것이다. 인간이 오랫동안 사육하고 교배해 온 종들은 있지만 그런 종들이라도 아직까지 새로운 종을 만들어 내지는 못했다. 그래서 집개와 집고양이가 아직도 자신들의 원형인 늑대와 야생 고양이하고 매우 비슷하고 그들과 교배도 가능한 것이다. 반면에 사과나 소의 경우, 야생의 조상은 이미 멸종한 것으로 보인다. 이 경우에는 우리가 재배하고 기르는 형태가 그들의 조상과 얼마나 닮았는지 더 이상 확인할 수 없다.

굿바이 ─ 종은 어떻게 사라지나?

종들은 생겨날 때처럼 사라질 때에도 우리와 상관없이 자연스럽게 사라진다. 과학자들은 지구상에 존재했었던 생물 99.9%가 현재 더 이상 존재하지 않는다고 추측한다.[1] 그렇다고 어떤 종에서 마지막으로 살아남은 대표가 어느 날 마지막 숨을 토해내는 식은 아니다. 그보다는 대부분 다른 종으로 발전하거나 분화하기 때문에 원래의 종을 더 이상 확인할 수 없게 되는 식이다. 확정된 종의 평균 '수명'은 약 1,000만 년이다. 그러므로 우리는 사실 종들이 조금씩 사라지는 일종의 백색소음 속에서 살아가고 있는 셈이다. 그중에 포유류는 천 년 동안 천 개의 종 중 한 종이 사라질까 말까이다.

그러나 지구상에 생물이 출현한 이래로 이른바 대멸종이 최소한 다섯 번 있었다. 그중에 제일 많은 종이 멸종했던 때가 2억 5,200만 년 전으로, 당시 존재하던 생물 90%가 멸종된 것으로 추정한다. 가장 최근은 6,600만 년 전 기후 재앙으로 일어났던 대멸종인데, 이때 거대한 공룡들도 그 희생양이 되었다(살아남은 공룡들은 모두 작고 깃털을 갖고 있으며 우리는 이제 이들을 새라고 부른다). 이 마지막 대멸종의 원인은 대체로 몇 가지 일차적 동기들로 귀결되는데 대기 구성 성분의 변화와 기후변화 같은 것들이다. 당시에는 인간의 개입 없이도 화산이 터지고 유성이 (최소한 한 번은) 충돌해 오기도 했다.

2억 5,200만 년 전에 있었던 최대 규모의 멸종이 얼마나 지속

되었는가에 대해서 오늘날 과학자들은 '단지' 3만 년 정도였을 거라고 추정한다(인간의 평가로는 영원과도 같은 시간이지만 지질학적으로는 '돌연한'이라는 말이 더 적합할 듯하다). 살아남은 종들이라도 아주 많이 망가진 상태였으므로 대멸종의 재앙에서 어느 정도 회복하는 데 오랜 시간이 필요했다. 암모나이트(오징어, 낙지 등의 친척인 원시 두족류)는 1만~3만 년, 산호초는 8만~10만 년, 심지어 숲과 같은 동식물 서식지는 약 1,500만 년이 걸렸다.

이처럼 멸종은 아주 자연적인 과정이다. 하지만 방금 살펴본 대멸종의 경우를 제외하면 멸종은 아주 드문 일이기도 하다. 이른바 연간 '배경 멸종률'background extinction rate, 즉 종의 자연적 멸종률은 적게 잡았을 때 100만분의 1 정도이다. 일 년에 100만 종 중 1종이 멸종한다는 뜻이다.[2]

그런데 현재 모든 지표는 인간에 의한 멸종률이 자연에 의한 멸종률보다 천 배 높다는 사실을, 그리고 약 8,000년 전부터 시작된 인간의 생태계 개입이 6차 대멸종을 부르고 있음을 시사하고 있다. 이번에는 그 과정이 정말이지 급속도로 빠르다. 공룡의 멸종을 비롯한 다른 대멸종 사건들은 인간 수명이 짧은 관계로 당시에 살았더라도 인식하지 못했을 테지만 지금은 종이 사라지고 있음을 체감할 수 있을 정도이다.

하지만 강조하건대 지구상에서 지금처럼 생물 다양성이 좋았던 때도 없었다! 새로운 종이 탄생하기까지는 시간이 걸리고 지구는 긴 진화의 시간을 걸어왔다. 우리 행성에 생명체가 처음 발생했을 때부터 지금까지 35억 년이 흘렀다. 실제로 지난 1만 년 동안 지구상에는 그 전 어느 때보다 더 많은 종이 함께 살았다.

와! 너 거기 있었구나!

멸종은 증명하기가 절대 쉽지 않다. 그 최후의 대변인까지 죽었음을 증명해야 하는데 그중 하나가 어딘가에 숨어 있을지도 모르니까 말이다. 국제자연보전연맹(IUCN)은 멸종 위기에 있는 종이 나타날 만한 모든 곳을 그 종의 생애 주기 동안 샅샅이 살필 것을 요구한다. 그렇게 했을 때 멸종한 것 같고 멸종 이유도 타당하다면 그 종은 사라진 것이고 그때 멸종으로 표시한다.

그 정도면 충분한 것 같았다. 그래서 우리는 실러캔스도 더 이상 찾지 않았다. 이 어류 집단의 가장 어린 화석만 해도 무려 7,000만 년이나 됐으니까 말이다. 살아 있는 것이든 죽은 것이든 이 존재에 대한 새로운 증명은 더 이상 없었다. 그래서 어느 원양어업 증기선의 선장이 1938년 12월 22일 바로 이 어류를 가지고 왔을 때 케이프타운 근처 이스트런던박물관의 큐레이터 마저리 코트니래티머는 매우 놀랄 수밖에 없었다.

선장은 실러캔스를 남아프리카공화국 샬룸나강Chalumna 하구에서 잡았다고 했다. 그 후로 전문가들이 큰 노력을 기울였지만 1952년이 되어서야 라티메리아 칼룸나이Latimeria chalumnae*의 표본을 다시 잡을 수 있었다. 이번에는 첫 발견 장소에서 3,000km나 떨어진

4억 년 이상을 생존해 온 실러캔스종

곳이었다. 바로 서인도양의 코모로제도와 마다가스카르 사이에서 발견되었는데 그곳 사람들은 이 어류를 오랫동안 잘 알고 있었고 '콤베사'Kombessa라고 불렀으며 맛이 없는 어류라고 했다.

현재 우리는 실러캔스가 4억 900만 년 동안 중단 없이 생존해 왔음을 잘 알고 있다. (우리가 아는 한) 7,000만 년 전 화석이 마지막 화석이었지만 실러캔스는 멸종하지 않았다. 다만 가끔 나타났던 것뿐이다. 그러는 동안 우리는 해저 150~400m 깊은 곳에 사는 동물들에 대해 좀 더 알게 되었다. 심지어 1997년에는 실러캔스에서 발전한 다음 종이 인도네시아에서 발견되기도 했다. 유전자 검사

● 실러캔스가 잡힌 강 이름과 실러캔스를 알아본 사람의 이름을 따서 지은 라틴어 학명이다.

> 를 통해 이 두 종이 아주 가까운 친척이지만 1,000만 년 전부터 각
> 자 다른 길을 걸어왔음을 알게 되었다. 휴, 정말이지 긴 시간이 아
> 닌가!

생물이 그렇게나 다양하다면, 당연히 그 모든 종이 정말 다 필
요한가라는 의문이 들 법하다. 이 책의 두 번째 장의 내용을 미리
누설하자면 "그렇다, 정말 다 필요하다". 우리 호모사피엔스는 지
질학상 연대 중에서 홀로세에 유례없이 번성했는데 이것은 절대
우연이 아니다. 이 시기에 생물 다양성이 특히 좋았기 때문이다.
오늘날에도 우리 인간의 행과 불행은 이 생물 다양성에 생각보다
훨씬 더 많이 의존하고 있다.

모든 것이 유전자에 달렸다 ─ 유전적 다양성

이미 언급했듯이 생물 다양성은 종의 다양성만을 뜻하지 않는
다. 생물 다양성에서 종의 다양성만큼 중요한 것이 바로 종 내 유
전자의 다양성이다.

유전적 다양성은 매우 다양한 유기체와 새로운 종으로의 진화
를 불러올 뿐만 아니라 기후변화 등으로 미래에 변화할 환경에서
도 생태계가 그 기능을 발휘하고 유지할 수 있게 한다. 또한 유전
적 다양성은 종의 빠른 멸종도 막아 준다. 종 내 다양한 유전적 성
질을 가진 개체들이 존재하면 대체로 '동종 교배된' 개체가 많은

종보다 환경 변화로 인한 새로운 문제들에 더 잘 적응할 수 있기 때문이다.

기본적으로 개체 수가 많고 넓게 퍼진 종이, 개체 수가 적고 분포 지역이 작은 종보다 유전적 다양성이 좋다. 현재 살아남은 거의 모든 야생 유기체들의 유전적 빈곤화가 매우 위험한 지경에 처해 있는데, 바로 인간이 다른 생물들의 생활권을 자꾸 침해하며 마치 바다로 둘러싸인 섬처럼 만들고 있기 때문이다.

다시 말하지만 유전적 다양성은 분포 지역이 넓을수록 좋아진다. 그러므로 개체 수가 70억이나 되고 전 세계에 흩어져 사는 인간은 생물 다양성이 매우 좋다.

전 세계에 치타가 7,000마리밖에 안 남은 이유

치타Acinonyx jubatus는 유전적 다양성이 부족한 종으로 잘 알려져 있다. 따라서 그 결말을 추측하기도 그리 어렵지 않다. 10만 년 전 빙하기 때 고향인 아메리카를 떠난 것으로 보이는 치타종은 지질 지협地峽●들을 건너며 제일 먼저 아시아에 도달했다가 마지막에 아프리카에 정착했다. 알려지지 않은 새로운 곳으로의 그 험난한 여정 덕분에 개체 수가 급격히 줄어들었고, 그 결과로 종 내 유전적 다양성도 극단적으로 나빠졌다. 아메리카에 남아 있던 치타들은

● 대륙을 연결하는 좁고 잘록한 땅. 아시아와 아프리카 사이의 수에즈, 남아메리카와 북아메리카 사이의 파나마 등이 있다.

외모가 거의 똑같은 만큼 유전자도 거의 똑같은 치타

약 1만 년에서 1만 2,000년 전 마지막 빙하기가 끝나 갈 즈음에 완전히 멸종했다. 이때 유전적 다양성이 전체적으로 또 한 번 더 나빠졌다.

현재 무작위로 치타 두 마리를 조사해 보아도 둘의 유전적 동질성은 95%에 이른다. 같은 부모 밑에서 태어난 인간 형제들(50%)보다 유전적으로 훨씬 더 가까운 것은 물론이고, 거의 일란성쌍둥이(100%)만큼 가깝다고 할 수 있다.

따라서 치타들은 전 세계 어디에 살든 서로 장기 기증이 가능하다. 치타들 처지에서는 이것이 딱히 장점이라고 할 수도 없지만 말이다. 생물 다양성이 이렇게 나쁜 상태에서 다행히 아직도 살아 있는

전 세계 약 7,100마리 치타들에게 가장 심각한 위협은 사실 인간의
지나친 추적과 서식지 파괴이다. 이 치타들은 모두 같은 면역 체계
를 갖고 있다. 꽤 괜찮은 면역 체계이긴 하지만 이 면역 체계가 이
겨낼 수 없는 병이 퍼지면 치타는 금방 영원히 멸종하고 말 것이다.

유전적 다양성은 아주 오랜 기간, 언제든 생길 수 있는 돌연변
이를 통해 아주 우연히 생겨난다. 반대로 유전적 다양성의 파괴는
원칙적으로 매우 빠르게 이루어지는데 종 내 유기체의 수가 급격
하게 줄어들 때 그렇다. 일단 한번 잃어버린 유전적 특질은 예를
들어 가까운 친척 종에게 그 유전자 재료들이 존재할 때만 역교
배°나 유전자 조작을 통해서 다시 살릴 수 있다.

클론(유전적으로 복사된 개체들), 유전체 편집(가까운 종의 유전질에 아직
있는 DNA 조각들을 삽입하는 것), 혹은 역교배(아직 존재하는 애초의 유전적
특징들을 선택적으로 강화하는 것)를 통해 우리가 유기체를 생산할 수 있
다고 해도, 이 방법들 중 어떤 것도 종과 유전자 들이 빠르게 사라
져 가고 있는 현재 상황을 막아 주지는 못한다. 이미 멸종한 동물
들의 아직 존재하는 DNA를 가지고 새로운 개체를 생산해 내기
위한 연구가 현재 많이 진행되고 있다. 하지만 지금까지 성공한
사례는 없고, 성공한다고 해도 그렇게 해서 태어난 지구의 새 거

●   교배로 생긴 잡종 제1대와 그 부모 중 한쪽과의 교배로, 잡종 제1대의 유
     전자형을 조사하기 위한 것이다.

주자들은 금방 또 현재 멸종 위기인 다른 수많은 종과 똑같은 환경에 처하게 될 것이다.

요컨대 생물 다양성은 그 생성의 속도가 파괴의 속도를 전혀 따라잡지 못하고 있다. 미국이 세계 패권 국가가 된 이래로 지금까지 사라진 포유류만 해도 약 300종에 달하는데, 이는 (세포 하나가 포유류가 되는 데 걸린) 25억 년의 생물학적 진화가 무효가 된 것이다. 전문가들은 지금의 진화 상태에서 시작한다고 가정했을 때, 그렇게 잃어버린 유전적 다양성을 자연적으로 다시 회복하는 데에 300만~500만 년이 걸린다고 본다.[3] 그것도 인간에 의한 멸종 촉구 요인들이 사라질 때 그렇다.

숲, 갯벌, 사막 ― 생태계 다양성

생물 다양성을 위한 세 번째 요소는 생태계 다양성이다.

오랜 자연과학적 연구를 통해 이제 우리는 지구 행성과 같은 제한된 시스템 안에서의 삶은 매우 복잡한 관계망 및 세력 구조와 함께 순환할 수밖에 없음을 알게 되었다. 생태계는 다치기 쉬운 수많은 생물종의 존재 그 자체와 그들과의 성공적인 협업에 의존한다. 제대로 작동하는 생태계와 생물 다양성은 서로 떼려야 뗄 수 없는 관계에 있다.

생태계는 생물군집(바이오코에노시스, Biocoenosis)과 서식지(비오톱, Biotope)로 이루어진다.* 생태계 내 유기체들의 상호작용도 생태계의 일부이며 (물, 돌, 공기 등의 구성 요소처럼) 생명이 없는 환경도 그 상호작용을 통해 생태계의 구성 요소에 포함된다. 생태계의 크기는 정해져 있지 않다. 얕은 바다도 바다 전체와 마찬가지로 하나의 생태계가 될 수 있고, 나무 그루터기 하나도 그 나무가 뿌리를 내린 숲 전체와 마찬가지로 하나의 생태계라 할 수 있다.

생태계들은 서로 정확하게 구분되지 않는다. (어디서 바다가 끝나고 해안이 시작되는가?) 생태계는 늘 열려 있어서 주변 환경과 활발히 교류한다. 그리고 유기체들이 서로 끊임없이 상호작용하므로 그 내부가 매우 복잡하고, 계속 바뀌므로 매우 역동적이다. 생태계의 정의는 그것을 보는 사람, 혹은 연구하는 과학자의 눈에 따라 달라지기 때문에 일반적으로 받아들여지는 생태계 목록 같은 것은 현재 존재하지 않는다. 그때그때 정의에 따라 목록이 달라진다.

지구상에 인간의 손이 전혀 닿지 않는 곳은 이제 없으므로 모든 생태계는 인간의 영향력에 의해 많거나 적게 바뀌어 왔다. '생물 다양성과 생태계 서비스에 관한 정부 간 과학–정책 플랫폼'(IP-BES)은 지구 생태계의 현 상태를 보여 주는 과학적인 대형 지도를 만들고자 했다. 이에 응답하여 여러 나라의 과학자들이 생태계 목록 작성·합의·평가를 진행했다. 이들의 분석에 따르면 육지 생태계 전체의 75%, 해양 생태계 전체의 66%에서 인간의 대대적인

● 비오톱은 독일의 생물학자 에른스트 헤켈이 제시한 개념으로, 어떠한 동식물이 하나의 생활공동체를 이루어 지표상에서 다른 곳과 명확히 구분되는 생물 서식지를 뜻한다. 바이오코에노시스는 독일의 생태학자 카를 뫼비우스가 제시한 개념으로, 어떤 지역에 서식하는 여러 개체군들의 집합체를 의미한다.

간섭이 관찰되었다.[4] 이런 생태계 변화는 종 다양성, 유전자 다양성에 대대적인 훼손을 불러올 수밖에 없다.

종합 돌봄 서비스 — 생태계가 인간을 위해 하는 일

인간의 손이 닿지 않은 생태계가 점점 줄어들고 있다는 보고는 그곳에 사는 유기체들뿐만 아니라 인간에게도 절대 좋은 소식이 아니다. 생태계는 비옥한 땅을 약속하고, 과일나무 수분受粉을 책임지고, 홍수를 막아 주고, 물과 공기를 정화해 주고, 천연 약품과 휴양 환경을 제공해 주며, 무엇보다 우리를 먹여 살린다. 생태계가 우리에게 베푸는 '서비스' 몇 가지만 말해도 이 정도이다. 생태계가 죽는다면 우리는 정말이지 모든 면에서 오갈 데 없는 처지가 될 것이다.

우리 인간이 생태계의 능력에 매우 의존할 수밖에 없으므로 '생태계 효율' 혹은 '생태계 서비스' 같은 말이 별도로 생길 정도이다. 이 말들이 자연을 마치 인간을 위한 서비스 직원으로 규정하는 듯한 매우 인간 중심적인 시각이라고 비난받을 만하다는 것은 인정한다(이 점에 대해서는 나중에 10장에서 더 자세히 살펴보려 한다). 하지만 생물 다양성을 보호하는 것이 지금 우리에게 왜 가장 시급한 문제인지 알려면 생태계가 어떤 서비스를 제공하는지 살펴보지 않을 수 없다.

생태계 서비스가 얼마나 큰 가치를 지니는지를 보려면 당연히 그 가치를 금전화하는 것이 세계경제 논리에 맞는 가장 간단한 방법일 테다. 생태계 서비스의 장·단기 사용에 값을 매기는 것이다. 그리고 바로 그런 일을 전문가들이 해 왔다. 대체로 자연의 사라진 서비스를 우리가 인공적으로 준비할 때(예를 들어 과일나무 수분을 인간 노동력으로 대체할 때) 드는 비용을 보거나, 생태계 서비스가 망가졌을 때 발생하는 피해(예를 들어 해안을 보호하던 맹그로브나 산호초가 파괴되어 발생하는 범람 피해) 복구 비용을 보는 식이다.

'생태계 및 생물 다양성 경제학'(TEEB)은 생태계 서비스 가치에 관한 국가적 차원의 연구들을 광범위하게 실행한 끝에 매우 인상적인 수치들을 찾아냈다. 예를 들어 세계적으로 인간의 손이 닿지 않은 습지의 경제적 가치가 매년 약 34억 달러,[5] 스위스 꿀벌의 수분 능력이 매년 약 2억 1,300만 달러에 달한다.[6]

인간 은행을 가볍게 넘어서는 생태계 은행

저명한 환경경제학자 로버트 코스탄자(오스트레일리아국립대학)의 연구 팀은 2014년, 전 세계 생태계 서비스가 인간 복지에 공헌하는 정도가 돈으로 환산해 140조 달러(2011년 기준)에 이른다고 추정했다. 참고로 세계은행이 발표한 2011년 세계 총생산은 기껏해야 73조 달러로 겨우 절반 수준이다.

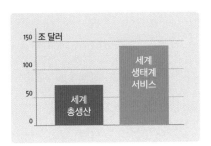

또한 이 연구는 안타깝게도 토지 이용 방식의 변화로 생태계 서비스의 가치가 1997년에서 2011년 사이에 매년 4조 3,000억~20조 2,000억 달러가 줄어들었다고 추정했다.[7]

TEEB는 금전적 크기로 따질 수 없는 생태계 서비스도 있음을 강조했다. 예를 들어 자연은 인간에게 여러 가지 긍정적인 에너지와 편안한 느낌처럼 숫자로 표시할 수 없는 이로움도 준다.

게다가 자연보호는 그 자체로 가치 있는 일이다. 자연은 인간을 위해 경제적으로 쓰이지 않고도 보존될 권리를 갖고 있다. 그럼에도 TEEB의 활동은 자연의 과도한 이용이 어떤 비싼 대가를 치르게 하는지 보여 준다는 점에서, 그리고 안타깝게도 경제성이 무엇보다 추앙받는 우리 인간의 결정 프로세스에 영향을 준다는 점에서 기본적으로 꼭 필요한 일들이다. 생태계 서비스의 금전화는 자연에 붙이는 가격표가 아니라 가치 매김이라는 관점으로 봐야 한다. 여기에 대해서는 10장에서 더 자세히 살펴보겠다.

생태계 서비스는 기본적으로 공급, 토대, 조절, 문화, 이렇게 네 가지로 나눌 수 있다. 오른쪽 도표를 보면 한눈에 파악할 수 있을 것이다. 생태계의 이 모든 서비스는 우리 삶의 다양한 분야에 깊이 관여한다. 생태계가 이 서비스 중에 하나만 생략하더라도 우리 삶은 크게 바뀔 것이다.

공기 정화나 물 정화 같은 서비스는 과학기술로 대체하기에는

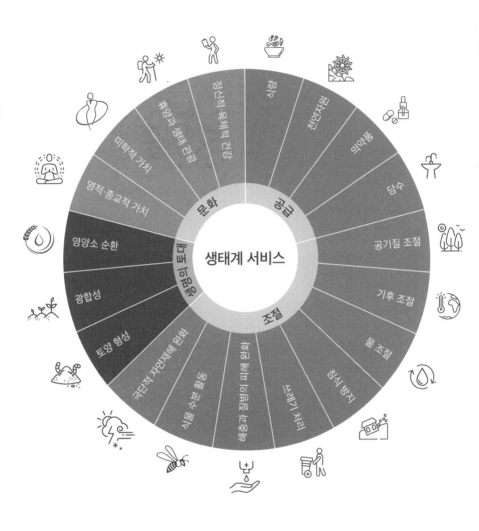

생태계 서비스

공급
- 식량
- 천연자원
- 의약품
- 담수

조절
- 공기질 조절
- 기후 조절
- 물 조절
- 침식 방지
- 쓰레기 처리
- 해충 및 질병 조절
- 꽃가루받이
- 극단적 자연재해 완화

서식처 유지
- 식물 수분 활동
- 영양소 순환
- 광합성
- 토양 형성

문화
- 정신적·육체적 건강
- 휴양과 생태 관광
- 미학적 가치
- 영적·종교적 가치

우리를 위한 생태계 서비스

세상을 풍성하게 하는 자연의 아름다움

너무 비싸고 복잡하며 부분적일 수밖에 없다. 비옥한 토양 생성, 혹은 천연자원 공급 같은 서비스는 오직 자연만이 할 수 있다.

　게다가 생태계의 이러한 서비스 능력은 그 내부의 생물 다양성과 직접적인 관계가 있다. 원래 생태계의 생물 다양성이 (예를 들어 북해의 소금 습지처럼) 빈약하든 (열대우림처럼) 좋든, 생태계는 각각의 성격에 맞는 생물 다양성이 살아 있어야만 그 기능을 다할 수 있다. 생물 다양성이 살아 있는 생태계는 교란에도 더 안정적이다. 한 종이 사라지더라도 다른 종이 그 기능을 넘겨받을 수 있고 이때 자연재해나 인간의 간섭이 있어도 여전히 그 서비스를 다할 가능성이 커진다. 다시 말해 생태계 탄력성이 높은 것이다.

　이러한 생태계 서비스들은 인간 삶의 안전한 토대들이다. 이 책의 2부에서 그것이 어떻게 가능한지 자세히 살펴볼 것이다. 하지만 그 전에 먼저 다음 장에서는 생물 다양성 및 생태계의 현재 상태와 앞으로 어떻게 변모해 갈지부터 살펴보려 한다.

멸종의 티핑 포인트

눈과 귀를 연 채 독일 전역을 걷고 수영하며 땅도 파 보면서 종단 하는 수고를 마다하지 않는 사람이 있다면, 그는 알프스의 산에서 부터 북해의 갯벌까지 다양한 생태계를 거치게 될 테고 그 길에 서 7만 1,500종이나 되며 종 내 유전적 다양성도 좋은 다채로운 동식물과 버섯 들을 발견하게 될 것이다.

독일은 지리적으로 온대 지역에 속하므로 세계적으로 볼 때 종이 다양하지 못한 쪽이다. 35만 7,386km²의 독일 땅을 약 4만 8,000종의 동물과 9,500종의 식물과 1만 4,000종의 버섯이 공유 하고 있다. 추정상으로 세계에서 면적 대비 생물 다양성이 가장 좋은 곳은 에콰도르 동쪽의 야수니 국립공원 지대인데, 이곳은 단 9,820km²에 알려진 종만 해도 양서류 150종, 파충류 121종, 조류 596종, 포유류 204종, 담수어류 499종, 나무 최소 655종이 살고 있다.[1]

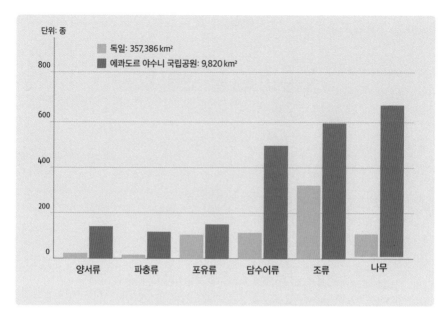

단위: 종

독일: 357,386 km²
에콰도르 야수니 국립공원: 9,820 km²

양서류 파충류 포유류 담수어류 조류 나무

야수니 국립공원과 독일 내 일부 동식물종의 수 비교

에콰도르 전체로 보면 28만 3,561km²에 식물 2만 2,000종(독일 9,500종), 조류 1,600종(독일 328종), 파충류 405종(독일 13종), 양서류 440종(독일 22종), 포유류 382종(독일 104종)이 함께 살고 있다.[2] 그 외에 버섯, 어류, 곤충, 거미, 연체동물 등등 다른 종도 최소한 수십만 종에 이를 것으로 추정된다. 어쨌든 종의 수가 너무 많아 현재까지 아무도 세어 볼 엄두를 못 내고 있다. 열대지방에 종이 풍부한 이유는 11장에서 살펴볼 것이다.

절대 쉽지 않은 재고 조사

독일과 야수니 국립공원 내 종의 수는 적어도 한 번은 제대로 조사된 적이 있다. 하지만 세계적으로는 그렇게 정확한 수치가 아직 없으므로 대체로 추정에 의존할 수밖에 없다. 이것은 현재까지 명명된 종들을 모두 포함하는 데이터뱅크가 없기 때문이기도 하다. 얼마나 많은 동식물이, 혹은 어떠어떠한 동식물이 과학적으로 명명되어 있는지는 과학 학술지, 전문 서적, 박물관 소장품 목록 등에 산발적으로 기록되어 있을 뿐이다. 그나마 최근에는 '생물 목록'Catalogue of Life 프로젝트로 생물 다양성과 관련하여 이미 조사된 자료들을 통합하려고 노력 중이다. 그 결과, 2019년에 183만 7,565종이 과학적으로 명명된 것으로 '생물 목록'에 올랐다. 현재로서는 여기에 연간 약 1만 종씩이 추가되고 있다. 새로운 종이 탄생해서가 아니라 과학적으로 처음 명명된 종이 그 정도라는 뜻이다. 아직도 우리는 과학적으로 명명된 생물종의 수가 정확하게 얼마인지 모르지만, 서서히 해답을 찾아 가고 있는 중이다.

종은 어떻게 명명되는가?

뢰델 씨는 세계적으로 인정받은 개구리 전문가이다. 우리는 개구리에 대해 "초록색이고 개골개골 운다" 정도로만 생각할 테니 종의 식별에는 전혀 도움이 안 되겠지만 전문가 뢰델 씨라면 처음 보는 개구리가 채집망에 들어오는 순간, 금방 식별할 수 있다.

이것은 일단 그 개구리에게는 좋은 소식이 아니다. 과학 발전을 위해 자신의 목숨을 희생해야 하는 신세가 되어 동물 수집 표본실에 영원히 박제될 운명이니까 말이다.

한편, 뢰델 교수는 그때에도 과학계에 그 개구리를 '알려지지 않은 종'이라고만 말할 것이다. 그 지역의 사람들은 이미 그 개구리를 오랫동안 보아 왔고 그 개구리에게 '파후'kpáhù라는 이름까지 있다는 사실은 전혀 중요하지 않다. 처음으로 명명되는 종이란 '과학계가 모르는 종'이란 뜻이지, '모두가 모르는', 혹은 '아무도 본 적이 없는' 종이란 뜻은 아니기 때문이다.

그러므로 뢰델 교수는 그 개구리를 기존의 종들과 비교해 다른 특징들을 과학적으로 묘사한 첫 번째 사람이다. 일단 그는 형태상의 종개념에 의지한다. '눈과 코 사이의 거리가 두 눈 사이의 거리보다 짧음'도 그것이 지금까지 명명된 종들과 다르다면 하나의 특징이 될 수 있다. 이제 특징을 찾았으니 뢰델 교수는 당연히 그 개구리에게 새 이름을 지어 줄 수 있다. 라틴어이면서 특징을 잘 표현하는 이름이라면 가장 좋지만 사람의 이름을 따서 지을 수도 있다. 그래서 어떤 딱정벌레*Agra schwarzeneggeri*는 슈워제너거리라는 이름을 받기도 했다. 이 곤충의 다리가 부분적으로 눈에 띄게 발달해 있어서 당시 작명자가 보기에는 영화배우 아널드 슈워제네거의 이두박근을 닮은 것 같았기 때문이다.

이제 새롭게 명명된 그 개구리종의 이름(기울임체로 쓴다) 뒤에 '뢰델'과 그가 처음으로 명명한 해를 덧붙여 과학 자료로 내놓을 수 있다. 그렇게 파후가 공식적으로 누구에 의해 언제 이름을 갖게 되었는지 누구나 알 수 있다. 종의 이름이 전부 라틴어로만 이루어져야 하

> 는 식물학과 달리 동물학에서는 임의의 다른 언어로 지을 수도 있
> 다. '휴, 이 얼마나 다행인가!'라고 뢰델 씨는 생각했다.

현재로서는 우리에게 전혀 알려지지 않은 종들을 포함해 우리가 이 지구를 얼마나 많은 종과 공유하고 있는지를 알기가 더 어려워졌다. 이 문제라면 추측의 격차가 200만 종[3]에서 10조 종[4]까지 벌어진다. 후자의 수가 이렇게 큰 것은 어마어마한 수의 단세포종이 발견되어 명명되기를 아직 기다리고 있다고 가정하기 때문이다. 추측의 격차가 이렇게 큰 것은 일반적으로 받아들여지는 추측 방법이 전혀 없기 때문이기도 하다. 추측의 기반이 되는 수학적 모델 대부분은 애초의 가정이 결과를 많이 좌우하는 모델들이다. 대체로 종의 분포도, 종 특화의 정도(예를 들어 모든 종은 그 종에 특화된 기생충을 갖고 있다), 그리고 이미 조사된 생태계 내 생물 다양성의 정도를 표본으로 미지의 생태계 내 생물 다양성의 정도를 가정한다.

참고로 이 모든 불명확성에 덧붙여 새로 발견된 종이 정말 새로운 종인지, 이미 어딘가에서 명명된 종인지 아는 전문가가 부족하다는 점도 과학자들의 골머리를 썩인다. 안타깝게도 '배추과 식물 전문가'보다는 축구 선수나 비행기 조종사를 꿈꾸는 청소년들이 더 많으니까 말이다.

이 모든 불확실한 요소들에도 불구하고 과학자들 사이에서 가

장 자주 언급되는 종의 수는 약 800만 종이다. 이것은 예를 들어 심층 해양, 혹은 과학적 연구가 아직 초기에 머무르고 있는, 접근성이 상당히 낮은 지역에 서식하는 단세포와 다세포 종들까지 포함한 수치이다.

이렇듯 지구상에 어떤 종이 살고 있는지 아직 많이 모르기는 하지만 우리는 우리가 모르고 있는 그 종들이 멸종 위기에 처했다고 본다. 왜 그럴까? 간단히 말해서 사실 우리가 아는 종들보다 우리가 모르는 종들이 살기 더 편하리라고 가정할 만한 근거가 전혀 없기 때문이다. 왜냐하면 첫째, 이제는 인간의 영향이 미치지 않는 곳이 지구상에 하나도 없다. 해저 1만 1,000m로 지구상에서 가장 깊은 곳이라는 마리아나해구나 북극의 얼음 속에서도 미세 플라스틱이 발견되며 대양 한가운데에서도 공기로부터 온 유해 물질이 발견된다. 둘째, 생물 서식지를 파괴할 때에 우리가 아는 종들만 사라지는 것이 아니라 우리가 알지 못하는 종들도 사라질 것으로 추측되기 때문이다. 전체 종의 멸종 상태는 우리가 이미 아는 종의 멸종률을 근거로 추측할 수 있다.

국제자연보전연맹은 멸종 위기 관련 종들의 상태를 조사한 후에 적색 목록Red List을 계속 업데이트하며 발표하고 있다. 2020년 초까지 연맹의 자연보호 전문가들은 이미 알려진 종들 중 11만 6,000종 이상을 대상으로 멸종 위기의 정도를 조사했고 그중에 27%인 3만 1,000종을 멸종 위기 상태로 분류했다. 이 수치를 근거로 추정해 볼 때, 지금까지 다 알려지지 않았지만 존재한다고 추정되는 800만 종 중 200만 종이 이미 멸종 위기에 처했다고 볼수 있다.

물론 이런 표본을 통한 추정은 모든 집단이 똑같이 멸종 위기에 처했다고 가정한다는 면에서 한계가 있다. 그렇게 가정할 수 없는 이유는 무엇보다 모든 집단을 똑같이 철저하게 조사하지는 않기 때문이다. 지금까지 포유류 5,801종, 조류 1만 1,126종이 조사되었지만 곤충류 중에서는 이미 알려진 종의 0.8%만이 조사되었다. 이것은 단지 조사를 위한 재정과 인력이 부족하기 때문이다. 과학자들은 모든 포유류의 25%, 모든 조류의 14%가 멸종 위기라고 상당히 확실하게 말할 수 있지만 곤충에 관해서라면 적당한 추측 자체가 불가능하다.[5]

IPBES도 유엔의 위탁을 받아 생물 다양성과 생태계 서비스상태에 대한 보고서를 정기적으로 공개하고 있다. 가장 최근의 2019년 보고서에서는 멸종 위기에 처한 종이 "전체의 단지 10%"라며, 일부 종의 멸종 위협 정도를 조사한 것에 근거해 매우 긍정적으로 보고했다. 이렇게 상대적으로 긍정적인 수치만 본다고 해도 전체적으로 80만 종이 멸종 위기에 처해 있다는 결론이 나온다. 곤충류는 이제 막 관찰하기 시작했는데, 시드니대학과 브리즈번대학의 과학자들이 2019년에 곤충류의 멸종 위기 정도를 정확하게 파악하는 데 매진한 결과에 따르면 모든 곤충류의 40%가 멸종 위기에 처해 있다.

0마리가 되기 전에

- 멸종 위기 관련해 현재까지 조사된 모든 종의 27%가 멸종 위기 상태(양서류 41%, 포유류 25%, 조류 14%, 상어와 가오리 30%, 산호초 33%).

- 모든 곤충의 40%가 멸종 위기라 추정.

- 독일 내 전형적인 동식물 서식지 중 약 4분의 1만이 온전한 상태.

- 세계적으로 포유류 생물량이 1970년 이후 82% 줄어들었음.

- 개별 수치: 아프리카코끼리 약 2,600만 마리(1800년)에서 약 41만 5,000마리(2016년) / 호랑이 약 10만 마리(1900년)에서 3,000~4,000마리(2015년) / 대왕고래 35만 마리 이상(1900년)에서 8,000~1만 4,000마리(2020년) / 여행비둘기 약 70억 마리(1800년)에서 0마리(현재)

물론 이것들은 어디까지나 '추정'일 뿐이다. 하지만 5만 종이 사라지고 있든 200만 종이 사라지고 있든 그게 과연 중요한가? 이 행성에 거주하는 그 어떤 생물이든 '지구'라는 이 환상적인 시스템이 돌아가는 데 한 역할을 하고 있음을 이해한다면, 멸종 위기가 확실한 3만 1,000종만으로도 경고 종이 울릴 만큼 이미 충분히 위험하다.

멸종 위기종들에 대해 논할 때 거의 언급되지는 않지만, 종의 수보다 더 중요한 측면이 하나 있다. 바로 마지막 표본이 사라지기 전에 오랜 기간 동안 종 내 개체군의 수가 급격하게 줄어든다는 점이다. 이것은 현재 '생물량'Biomass이 점점 더 줄어들고 있다는 말이다. IPBES는 2019년 보고서에서 지구 내 포유류 생물량만 봐도 지난 50년 동안 82%가 줄어들었다고 했다. 이렇게 많은 유기체가 이제 더 이상 인간과 다른 동물의 먹이가 되지 못하고, 식물을 수분시켜 씨를 뿌리지도 못하고, 자연 풍경을 구성하지도 못하며, 생태계 기능을 보증하지도 못한다는 뜻이다.

생물 다양성 핫스팟

종이 풍부한 특정 지역에서만 보이는 종들이 인간에 의해 대거 멸종 위기에 처할 때가 특히 위험하다. 이렇게 아주 높은 생물 다양성을 보임과 동시에 안타깝게도 매우 위협받는 지역을 우리는 '생물 다양성 핫스팟'이라고 한다. 세계적으로 34개의 핫스팟이 있는데 이 핫스팟을 다 합쳐도 지구 땅 표면의 2.3% 정도이다. 하지만 여기에 지구 식물의 50%, 담수어류의 55%, 척추동물의 77%가 산다. 오직 핫스팟에서만 나타나는 척추동물종은 42%, 식물종은 50%나 된다.

그렇다면 당연히 이런 생각이 들 것이다. '와우, 그럼 그 핫스팟들을 아주 잘 관리해야겠네!' 하지만 우리는 그렇게 하지 않는다. 한때 존재했던 핫스팟의 약 86%가 이미 인간에 의해 파괴되었다.

사라지는 것은 종만이 아니다. 서식지도 점점 줄어들고 있다. 독일연방자연보호청(BfN)은 2017년, 위험에 처한 비오톱 유형 적색 목록을 발표했다(비오톱 유형이란, 같은 서식지이지만 때에 따라 서로 멀리 떨어져 있을 수도 있는 서식지들을 유형별로 모아 놓은 것으로 생태계와 조금 다른 개념이다). 독일에서 이 적색 목록에 오른 비오톱 유형은 863개나 되는데 놀랍게도 그중에 243개(28%) 유형이 매우 위험한 상태이거나 완전히 사라졌다고 봐야 할 정도이고, 179개(21%) 유형은 위험하거나 매우 위험한 상태이다. 경고 수준에 있는 비오톱 유형이 168개이고 단지 213개 유형만이 현재 괜찮은 상태를 유지하고 있다. (나머지 60개 유형은 조사를 위한 자료가 부족하거나 의미 있는 조사 결과를 끌어내지 못한 경우이다.) 단지 4분의 1 수준인 213개 유형만이 아직까지는 위험권이 아닌 셈이다. 우리가 사는 집 네 채 중 세 채가 역학적으로 대대적인 문제를 안고 있어서 최악의 경우 언제라도 무너질 수 있다고 생각해 보자. 우리를 둘러싸고 있는 자연 서식지의 상태가 현재 그렇다.

사라짐에 신경 쓰지 않는 우리 — 생태계 변화의 동인들

종과 서식지가 이렇게 위협받는 이유는 다양하다(이때 '다양함'은 아름다움이 아니라 곤란함을 부른다). 생태계 변화와 그것이 우리 인간의 안녕에 미치는 영향을 처음 대대적으로 다뤘던 보고서로「밀레니엄 생태계 평가」(MEA)가 있다. 유엔의 착수로 이루어진 이 평가를 위해 2001~2005년 세계적으로 1,360명의 전문가가 협력했으며 그 결과로 취합되어 정리된 것이 오늘날까지도 지구의 현 상태를 이해하고 평가하는 데 과학적으로 중요한 토대가 되고 있다. 이 보고서는 생태계 변화의 주요 요인들을 직접적인 동인과 간접적인 동인으로 나누었다. 그리고 그 의미심장한 직접적 동인들로 서식지의 변화, 천연자원의 남용, 토지 오염(특히 질산염과 인산염으로 인한 오염), 외래종의 침입, 그리고 무엇보다 기후변화를 지목했다.

인간을 위한 인간의 시대

심지어 세계의 저명한 과학자들은 현재의 지질학 연대를 '인류세'(Anthropocene, 인간을 위한 인간의 시대, 'anthropos'는 그리스어로 인간을 뜻함)로 재명명할 것을 국제지질층위학위원회에 제안했다. 그만큼 지구 행성의 자연적 과정들에 대한 인간의 간섭이 너무도 대대적으로 이루어지고 있기 때문이다. 이것은 물론 기뻐할 일이 아니다. 인류세는 놀라운 신소재의 발명과 기술적 발달로 점철된 시대를 뜻하지만, 인간에 의해 기후가 변하고 생물 다양성이 대대적으로 줄어든 시대를 뜻하기도 한다.

직접적 동인

첫째, **서식지(생활공간)의 변화**를 들 수 있다. 숲을 농경지로 바꾸는 것처럼 땅의 용도를 바꿔서 생기는 변화가 대표적이다. 현재 세계적으로 농경에 이용되는 토지는 지구 땅 표면의 약 11%에 이른다. 그리고 우리는 지금도 더 많은 땅을 경작지로 바꾸고 있다. 잠깐 동안 농작물이나 에너지 작물을 재배하려고 열대우림을 개간하고, 그러는 동안 수많은 동식물종의 천연 서식지를 파괴하고, 기름진 부엽토와 시원한 바람과 좋은 날씨를 포기하며, 홍수와 가뭄을 막아 주는 소중한 천연 저수지를 없애 버린다. (열대우림 개간에 대해서는 3부에서 더 자세히 살펴보려 한다.) 이렇게 격하된 땅은 결국 농경에도 더 이상 적합하지 않게 된다. 점점 더 많은 땅의 용도가 그렇게 바뀌며 질이 격하되기 때문에, 천연 생태계를 대대적으로 파괴한 보람도 없이 결국 농경지 확장도 1991년에서 2016년까지 제자리걸음 상태이다.

둘째, 우리는 자연이 제공하는 **천연자원을 남용**하고 있다. 그 대표적인 증거로 세계적으로 얼마 남지 않은 어류 재고량이 제시되곤 한다. 포획 기술이 점점 더 정교해지는 가운데, 더 이상 새끼 어류들이 태어날 수 없을 정도로 많이 잡아 댄다. 그 탓에 이제는 가장 현대적인 포획 기술로도 수확량을 늘릴 수 없는 상태가 되었다. 이것은 자원 남용에 대한 분명한 증거이기도 하다! 세계적으로 어류의 33%가 지나치게 포획되어 존속을 위협받고 있다.[6] 어류 떼의 크기가 점점 작아지고 있음에도 우리는 더 큰 그물을 이용하는데, 그런 그물을 끌어서 거두어들이다 보면 바닥의 소중한 산호초들, 어류의 부화 장소, 수많은 다른 동물종과 식물종의 서식지도 파괴된다.

또 다른 천연자원의 남용 사례로 야생동물 사냥을 들 수 있다. 밀렵도 문제지만 허가받은 사냥도 문제이다. 식용으로든 (이빨, 가죽, 생식기 같은) 비싼 부분을 팔기 위한 용도로든, 간단히 말해 동물들이 자라나는 속도보다 인간들이 사냥해 대는 속도가 더 빠르다. 코뿔소, 참치, 상어, 천산갑 등이 그 대표적인 예이다.

셋째, 토지 오염이 심각하다. 우리는 어떻게든 더 싸게 식량을 생산하고자 농경 산업 전반에서 **비료와 병충해 방지 약품**을 과도하게 이용해 왔다. 매우 효율적인 약품들이 개발되면서 지난 세기 중반부터 농경 산업 내 생산량이 비약적으로 늘어났고 세계 식량 자원을 확보하는 데 일조했다. 하지만 한편으로는 식물들이 원래 받아들일 수 있는 영양을 훨씬 뛰어넘어 고용량으로 응축된 (특히 질소와 인) 비료들이 너무 자주, 너무 방대하게 뿌려졌다. 잘 몰라서, 혹은 편해서 그럴 수도 있지만 동물 비육 시설이나 바이오 가스 시설에서 나오는 쓰레기를 특수 폐기물로 버리기 싫어서 알면서도 그냥 땅에 묻어 버리기도 한다. 이렇게 땅에 묻힌 비료와 쓰레기가 우리가 마시는 식수로 흘러들어오거나 강과 바다로 흘러간다. 강과 바다로 흘러간 비료는 조류의 성장을 촉진하는데 조류 분해에는 산소가 대량으로 필요하므로 물속 산소량이 현저히 떨어지게 되고, 그럼 어류와 다른 작은 생물들이 질식해 죽는다.

이른바 병충해 방지 약품(살충제와 제초제)도 마찬가지로 해로운데, 이것들은 특정 식물은 보호하지만 그러느라 주위의 다른 식물과 동물을 다 죽이고 만다. 해충만 공격하는 것이 아니라 그 농경지 근처의 땅속과 표면의 수많은 다른 생물들도 살 수 없게 하는 것이다.

넷째, 컨테이너선과 화물 수송기뿐만 아니라 심지어 우리의 여행 가방도 점점 더 많은 종에게 의도치 않은 세계 여행을 시켜 주고 있다. 이 종들은 그렇게 처음 만난 세상이 살기 좋으면 이른 바 **외래종**이 되어 원래 그곳에 살던 종들을 먹고살기 힘들게 만든 다. 독일만 해도 외래종이 168종이나 되는데, 큰멧돼지풀이나 사향쥐속도 거기 포함된다.

다섯째, 생물 다양성은 안타깝게도 **기후변화**로 가장 심각하게 위협받고 있다. 기온이 올라가고 공기가 점점 더 건조해짐에 따라 추운 지방 종들의 번식지가 점점 더 좁아지다가 결국에는 전체 생태계가 사라지기도 한다. 기상이변으로 자연재해가 늘어나고 있는데 이것이 서식지가 좁은 종들의 개체 수를 줄이다가 급기야 는 멸종에 이르게 한다.

게다가 기후변화 때문에 종들이 새 지역으로 이주하는데, 그 렇게 기존의 공생 관계 혹은 먹이사슬에서 벗어남에 따라 새로운 경쟁 환경들이 생겨난다. 예를 들어 기후변화로 봄에 식물들이 더 빨리 자라기 시작하면 곤충들도 더 빨리 생식을 시작한다. 그럼 철새들이 철에 맞게 부화 장소로 돌아와도 유충들은 이미 다 나 비가 되어 있으므로 새끼들이 먹을 것이 없다.

아울러 해수면이 높아짐에 따라 당연히 해안 지방과 그곳에 서식하는 종들에게도 큰 변화가 일어난다. 지형학적 특성 때문에 육지 쪽으로 서식지를 옮기는 것이 불가능할 수도 있다. 이렇게 수백만 년 동안 만들어진 유일무이한 생태계가 사라지는 것이다.

간접적 동인

직접적인 동인들이 말 그대로 생태계와 직접적이고 즉각적인 관계에 있는 것들이라면, 간접적인 동인들은 그 직접적인 동인을 일으키는 것들이다. 무엇보다 **인구 증가** 같은 사회적 발전을 들 수 있다. 인구 증가는 더 많은 식량을 요구하며 농업과 수산업을 압박한다.

경제적 발전도 간접적인 동인이다. 글로벌화로 인해 경제 발전과 생산량의 증가가 세계적으로 모든 인간 활동의 목표가 되었다. 1인당 수입이 공평하지는 않더라도 전체적으로 올랐고 따라서 소비량도 많아졌으며 생활 습관도 바뀌었다. 이런 경향은 지금 특히 개발도상국에서 강하며 천연자원과 식량과 농경지에 대한 높은 수요를 촉진하고 있다.

과학기술의 발전이 그런 수요를 적합한 것으로 만들었고 그만큼 생태계에 압박을 가했다. 늘 더 효율적인 저인망 어선(해저에 그물을 깔고 어류를 잡는 어선)이 수확량을 높이고, 늘 더 크고 더 능률이 높은 기계들이 늘 더 크고 더 정리된 농경지를 만들면서 말이다.

과학자들은 지구에 가해지는 인간 활동 매개변수의 변화 속도가 '거대 가속'Great Acceleration 상태라고 말하고 있다. 약 1950년대부터 인구 증가, (원거리 통신 이용 같은) 기술적 발전의 다양한 측면들,

(국민총생산 혹은 외국 여행 빈도 같은) 인간 복지의 정도, (어류 혹은 숲의 나무 같은) 천연자원의 이용량 등을 드러내는 수치들이 거의 폭발적으로 치솟고 있다는 뜻이다. 그리고 안타깝지만 생물 다양성 위협의 정도를 나타내는 수치도 '거대 가속' 상태에 있다.

그리하여 언젠가는 터질 것이다 ― 티핑 포인트

그동안 우리가 자연에 얼마나 과도한 요구를 해 왔는지 본다면, 그리고 그것이 지금까지 우리 삶에 얼마나 큰 영향을 주었는지도 본다면 지구 생태계가 얼마나 탄력적인지도 보일 것이다. 생태계는 어느 정도까지의 변화는 잘 견디게 되어 있다. 하지만 그 '견딤'을 보장하는 것이 무엇인지 생각해 보면 우리는 다시 생물 다양성으로 돌아올 수밖에 없다.

무너지기 직전의 아마존

아마존 우림이 티핑 포인트(임계점) 직전에 있다.[7] 아마존 지역 숲 표면이 자체 유지에 필요한 비를 생산하지 못할 정도로 작아지면 티핑 포인트에 이를 것이다. 그때는 강수 부족으로 아직 남아 있는 숲이 말라 갈 것이고 숲 개간을 멈추려던 이 모든 노력이 아무 소용도 없게 될 것이다. 과학자들은 티핑 포인트가 20% 개간이 될지, 40% 개간이 될지 확신하지 못하고 있다. 하지만 티핑 포인트에 이르면 아마존이 우리가 손쓸 틈도 없이 그 안의 다양한 생물들과 함

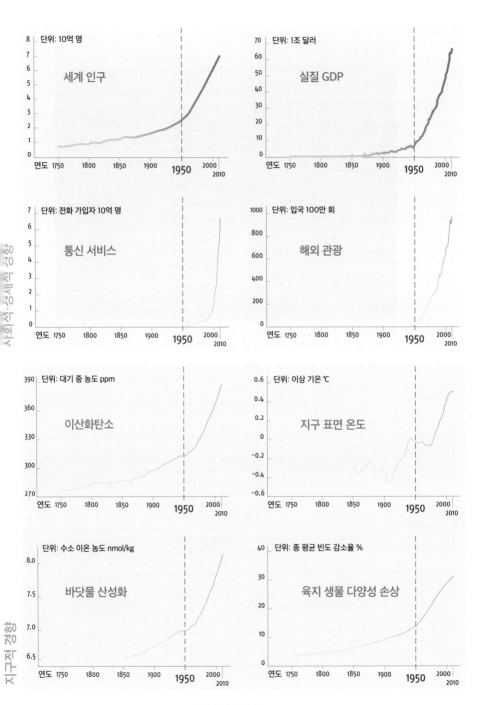

세계 인구
단위: 10억 명

실질 GDP
단위: 1조 달러

통신 서비스
단위: 전화 가입자 10억 명

해외 관광
단위: 입국 100만 회

이산화탄소
단위: 대기 중 농도 ppm

지구 표면 온도
단위: 이상 기온 ℃

바닷물 산성화
단위: 수소 이온 농도 nmol/kg

육지 생물 다양성 손상
단위: 종 평균 빈도 감소율 %

거대 가속의 세계

티핑포인트 기로에 선 아마존 열대우림

께 사라질 것임은 모두 확신하고 있다. 동시에 아마존이 우리에게 베풀어 주었던 생존에 중요한 생태계 서비스도 모두 사라질 것이다. 1970년 이래로 아마존 우림은 이미 17% 줄어든 상태이다. 바로 지금이 조치를 취해야 할 때이다!

생물 다양성은 급격한 변화에 완강히 저항한다. 더 이상 어떻게 할 수 없을 때까지! 수분을 담당하는 한 종이 멸종해도 종이 풍부한 생태계라면 대체종이 있게 마련이다. 하지만 너무 많이 사라지면 제일 먼저 곤충을 먹이로 살아가는 동물들이 먹을 것이 없어진다. 그다음 꽃의 수분이 안 될 테니 조류와 포유류가 먹을 과일이 부족해진다. 조류와 포유류는 과일을 먹으면서 나무의 해충을 없애 주는 역할을 하는데 그럴 수 없으니 나무와 관목도 병에 걸린다.

때로는 멸종하는 종이 한 종만 더 추가되어도 생태계가 순식간에 극적으로 무너지기도 한다. 이럴 때 우리는 **티핑 포인트**에 도달했다고 말한다. 티핑 포인트는 최소한의 변화가 최대한의 효과를 부르는 것이 특징이다. 양동이에 물이 꽉 차 있으면 한 방울만 더해도 넘치게 된다. 이 경우, 하나의 시스템이 완전히 다른 새 시스템으로 바뀌고 결국 안정될 것이므로 과거의 상태로 돌아가기란 거의 불가능하다(흘러넘친 물을 다시 주워 담을 수는 없다). 지금까지 인간은 생물 다양성과 함께 더할 수 없이 잘 살아왔으므로, 우리는 생물 다양성이 없는 상태란 곧 추구할 가치가 없는 상태라고 확신할 수 있다. 과학자들은 언제 어디서 티핑 포인트에 도달할지 전혀 예측할 수 없다는 점도 큰 문제라 보고 있다. 우리는 종들이 각자의 생태계에서 얼마나 중요한 역할을 하고 있는지 모르는 채, 맹목적으로 종들을 멸종시키고 있다. 그러므로 우리 주변의 모든 것을 가까스로 유지하고 있는 그 최후의 한 종이 언제 사라질지는 아무도 모른다.

이 책의 도입부에서 우리는 우리가 보는 자연이 단지 캡처 화면 같은 것임을 확인했다. 그리고 모든 종과 생태계는 변화에 반응하며 스스로 발전하기도 하고 사라지기도 하고 또 새로운 종이 생겨나기도 한다는 것 또한 살펴보았다. 진화란 그런 것이다. 하지만 진화는 아주 거대한 시간대 안에서 일어나므로 우리 인간은 정상적인 상태라면 그것을 볼 수 없다. 시계의 시침이 움직이는 모습을 볼 수 없듯이.

하지만 현재 우리를 둘러싸고 일어나고 있는 변화는 분명히 보인다. 시계의 초침이 보이듯이 말이다. 그런데도 뱀 앞에 얼어붙은 토끼처럼 꼼짝하지 않고 있다면 참으로 유감이 아닐 수 없다. 그 변화가 어쩌다 일어난 것이 아니라 우리 인간이 여기에 존재하고 늘 하던 대로 하고 살기 때문에 일어나는 것이라면 더욱더 말이다.

지구의 긴 역사를 고려할 때 인간은 '생태계를 교란하는 어떤 한 존재'에 불과하고 지금 생태계와 생물 다양성이 그 인간에 그저 반응하고 있는 것이라고 볼 수도 있다. 흔히 인용되는 말처럼 인간이 없어도 지구는 잘 돌아갈 것이다. 하지만 그렇다고 인간이 인간의 미래를 포기할 수는 없는 노릇이다. 그리고 우리가 인간의 쇠망을 직접 목격하는 세대가 된다면 불편한 마음이 드는 것도 사실이다. 그것이 아무리 눈 깜짝할 사이에 벌어지는 일이라고 해도 말이다(물론 지구의 긴 역사를 볼 때 그렇다는 말). 특히 우리가 이에 대해 큰 책임이 있다면 더 말할 것도 없다.

우리는 지구라는 시스템 속에서 인간이 단지 한 자리만 차지할 뿐이라는 사실을 너무 오랫동안 무시해 왔다. 하지만 다행히 우리는 실수에서 배울 수 있을 만큼은 똑똑하다. 그리고 그렇게 배운 것이 그에 걸맞은 행동으로 이어질 만큼 우리가 지혜롭기

3억 년을 진화해 왔음에도 생김새는 거의 변한 게 없는 잠자리

를 바란다. 이런 생각의 변화가 진정으로 무엇을 의미하는지 명확

해지려면, 생물 다양성이 매우 중요하다는 지극히 일반적인 지식

에 그 어떤 구체적인 얼굴을 부여해야 한다. 다시 말해 생물 다양

성이 실제로 우리의 일상과 어떤 관계에 있는지 자세히 살펴봐야

한다(이것이 2부에서 우리가 할 일이다).

인간은 늘 중심에 서고 싶어 한다. 개인으로서는
아니더라도 지구 행성의 한 종으로서는 분명히
그렇다. 하지만 "어디든 자리만 있으면 내가 간다"라는
자세는 이제 절대 좋은 생존 전략이 될 수 없다.
왜냐하면 우리 인간도 지구라는 자연 네트워크에
의존하며 살 수밖에 없기 때문이다.
2부에서는 인간 삶의 다양한 부분을 살펴보면서
그 숨겨져 있는 연결 관계를 드러내고자 한다.

2부
생태계라는
종합 돌봄 서비스

식사 준비됐습니다

– 생물 다양성과 음식

피카소든 호날두든 옆집의 마이어 부인이든 모든 인간은 **단백질**로 구성되어 있다. 항체, 효소, 근육, 뼈… 모두 우리가 음식으로 섭취해 아미노산으로 잘게 분해한 다음, 각각에 맞게 재조립한 단백질들이다.

인간의 몸에는 21개의 아미노산이 필요한데 그중 8개는 우리가 스스로 생산할 수 없다. 이 8개의 '필수' 아미노산을 우리는 아미노산으로든 단백질로든 다른 생명체들이 만들어 낸 음식물의 형태로 계속 섭취해야 한다.

동물과 달리 식물은 광합성 덕분에 빛, 물, 탄소를 원료로 **당**(탄수화물)을 생산해 낼 수 있는데, 그러는 동안 간단한 화학물에서 복잡한 유기체가 되고 이산화탄소를 흡수해 산소를 내보낸다. 그리고 그 당은 다시 다른 생명체들에게 에너지의 원천(음식)이 되고, 나아가 구성 성분이 된다.

이런 과정을 현재 우리 인간은 기술적으로 대체할 수 없다. 그러므로 시금치, 스테이크, 혹은 레토르트 수프… 그 무엇을 먹든 우리는 자연의 서비스에 의지할 수밖에 없다. 우리는 자연이 우리에게 제공하는 것으로 살아간다. 인간이 새롭게 조합해 조리한 뒤에 유통기한을 정하고 독창적인 형태로 시장에 내어놓을 수는 있지만, 결국 모든 식품은 자연의 생산물일 수밖에 없다. 그런데 자연이 주는 이런 선물을 우리는 어떻게 대하고 있는가?

지금 우리가 먹는 것들은 '우연'의 산물

알다시피 지난 만 년 동안 인간이 먹는 음식과 그 조달 방식에는 근본적인 변화가 있었다. 언제부턴가 수렵·채집 생활이 가축을 키우고 농사를 짓는 생활로 바뀌었다. 그 전까지 인간은 자연이 주는 먹거리를 중간 단계 없이 직접 가져다 먹었다. 따라서 굶어 죽지 않으려면 동물의 무리를 따라 이동하거나 계절과 날씨의 변화에 적응하는 등 매우 유연한 대처가 필요했다. 음식 조달의 성공 여부가 달린 문제였으므로 야생의 잠재적 먹거리들에 대한 지식을 갖느냐 못 갖느냐가 매우 중요했다. 언제 어디에 견과류가 많이 달리는가? 들소 무리가 어느 쪽으로 이동하는가?

이러한 수렵·채집에 비해 축산과 농사는 장점이 꽤 많았다. 먹이를 주고 병을 방지하고 개량종을 선택하면서, 잡초를 뽑고 비료를 주면서 더 좋은 품종을 더 빨리 자라게 할 수 있었다. 하지만 그러려면 한곳에 정착해야 했다. 정착에는 단점도 있었다. 계속

되는 농사로 땅이 지치고, 가뭄과 악천후, 자연재해처럼 곡식 수확량과 가축의 수를 위험할 정도로 줄여 버리는 지역적 사건들을 고스란히 당해 낼 수밖에 없었다. 그런데도 이 생활 방식이 굳어졌다. 현재 인류의 약 0.001%만이 수렵 생활을 하며 살고 있다.

인류의 생활 방식이 농업으로 전환되고 뒤이어 효율성을 높이기 위해 노력하면서 어쩔 수 없이 아주 적은 수의 종에 집중하게 되었고, 결과적으로 그 종들 내 유전적 다양성도 줄어들었다. 우리 조상들은 동물이든 식물이든 처음에 잘 자랐던 것만 계속 반복해 키웠다. "이기고 있는 팀은 그대로 두는 법!" 지구상에는 식물 38만 2,000종이 살고 있고 그중에 20만 종이 식용 가능하다고 추측된다. 그런데 그중에서도 겨우 7,000종만이 재배되고 있고 또 그중 150종만이 대량으로 재배되고 있다. 그러므로 자연에는 사실 더 많은 먹거리가 있고 그중에는 지금 우리가 대량으로 생산하며 슈퍼마켓에서 살 수 있는 모든 것들보다 더 맛있고 더 영양가 높고 더 건강한 것들도 많을 것이다. 우리는 지금 우리가 먹고 있는 것들이 대단한 분석이 아니라 우연에 의해 선택된 것들임을 잊어서는 안 된다.

현재 식용 농산물의 66%가 단 9종(사탕수수, 옥수수, 쌀, 밀, 감자, 대두, 기름야자 열매, 사탕무, 카사바)에 속하며, 그중 옥수수, 밀, 쌀이 우리가 섭취하는 음식의 60%를 차지한다. 축산에서도 종의 다양성은 좀처럼 찾아볼 수 없다. 세계적으로 40종의 축산이 이루어지고 있는데, 그중 다섯 손가락 안에 드는 종(돼지, 소, 양, 염소, 닭)이 고기,

우유, 달걀의 대부분을 생산하고 있다.

게다가 이 소수의 동식물 안에서조차 우리는 유전적으로 아주 적은 부류만 이용하고 있고 이런 경향은 더욱더 강해지고 있다. 1949년 이전까지 중국에서는 1만 종의 밀이 재배되었으나 현재는 1,000종으로 줄었고, 미국에서는 1900년 재배되던 사과종의 약 5%만이 현재까지 재배되고 있다. 세계적으로 1900년에서 2000년까지 백 년간 식량 관련 다양성이 약 75% 줄어들었다. 이는 병충해가 발생해 몇 안 되는 품종과 종족 들이 대량으로 죽거나 전멸한다면 곧 재난으로 이어질 수 있다는 뜻이다. 이것은 절대 근거 없는 시나리오가 아니다. 아일랜드에서는 1845~1849년 인구의 12%가 영양실조로 사망했는데 당시 국민의 밥상을 책임지다시피 했던 감자 품종에 치명적인 진균류가 침투했기 때문이다. 지금은 더 빠르고 효율적인 대처가 가능해졌다고 해도 쌀이나 밀에 그런 역병이 돈다면 여전히 세계적 수준의 재난이 발생할 수 있다.

이런 재난을 방지하기 위해 두 가지 가능성을 생각해 볼 수 있다. 첫째, 자연의 식물종들과 그것에서 계량되어 식용으로 자라는 식물들의 씨앗을 가능한 한 많이 '생물 데이터뱅크'에 보관하는 것이다. 그럼 필요할 때에 종과 유전자의 다양성을 소급해 살릴 수 있다.

노르웨이 정부가 '종자 저장고'를 통해 바로 그런 일을 하고 있다. 스발바르제도에 있는 이 저장고에는 식용식물 5,000종의

스발바르제도의 스발바르 국제종자저장고 입구

씨앗 90만 개가 저장되어 있다. 이 저장고는 세계적으로 약 1,400 개 정도 존재하는 종자 저장고 중에 가장 큰 규모를 자랑한다. 2008년 이 저장고가 개시되었을 때 영구동토층*에 세워졌으므로 냉각 시스템이 고장이 나도 온도가 영하 3℃ 이상으로는 절대 올라가지 않을 테니 '안전하다'고 다들 생각했다. 종자들은 영원히 보존될 터였다. 하지만 2017년에 이미 지구온난화로 이 영구동토 층이 때때로 녹기 시작했다. 단지 복도에 녹은 물이 흘러 들어가는 정도였지만 큰돈을 들여 건조해야 했고 방어벽과 배수 통로도 설치해야 했다. 이때부터 '영원한 얼음'은커녕 24시간 감독을 유지해야 했다. 이 방법이 충분하지 않은 이유는 또 있다. 현재 유용 식물 원형의 29%는 세계 어느 유전자은행에서도 찾을 수 없다.

●　　　2년 이상, 1년 내내 얼어 있는 토양 또는 퇴적물을 뜻한다. 면적은 지구 표면의 약 14% 정도에 해당하며 주로 북극의 고위도에 위치한다.

24%는 찾을 수는 있다 해도 표본이 각각 10개 미만으로 적다. 우리가 식용할 수 있는 식물의 야생종 약 5%만이 충분한 양만큼 저장되고 있다.

바나나가 멸종 위기?

우리가 먹는 개량 바나나는 사실상 단 한 개체의 클론들이다. 즉, 유전적으로 모두 똑같으므로 유전적 다양성이 거의 없다고 할 수 있다. 이 바나나는 부모 양쪽의 유전자를 받을 수 있는 종자를 통해서가 아니라 꺾꽂이로 번식한다.

19세기 말부터 1950년대까지 바나나는 '그로 미셸'Gros Michel 클론이 주를 이루었다. 그러다 어떤 진균에 의해 수확량이 대대적으로 줄어드는 일이 발생했다. 모든 수단을 다 써 봤지만, 당시 진균의 번식을 막지 못했다. 바나나 산업은 새로운 클론으로 눈을 돌려야 했고 그래서 '캐번디시'Cavendish 클론이 등장했다. 하지만 캐번디시 바나나도 세계적으로 새로운 변종 진균이 나타나면 지금 당장 멸종 위기에 처할 수 있다. 세계적인 '바나나 위기'를 방지하기 위해 과학자들은 현재 바나나가 원래 살던 곳인 아시아의 열대우림에서 진균병에 대한 저항력이 강한 야생 바나나종을 찾으려고 무척 애쓰고 있다. 만약에 찾는다면 생물 다양성이 (아직까지) 살아 있는 열대우림이 우리를 살리는 셈이다.

종자 데이터뱅크의 이런 문제들을 볼 때 우리가 할 수 있는 두 번째 대처 방식이 더욱더 매력적으로 느껴진다. 다름 아니라 우리가 먹는 식물들의 야생 친척들을 천연 백업 파일로 삼고 유전적 다양성과 종의 다양성이 살아 있는 상태로 저장고가 아닌 자연 서식지에서 잘 살게 해 주는 것이다. 이것이야말로 우리 자신과 미래 세대를 위한 진정 똑똑한 해결책이다.

모노톤에서 무지갯빛으로

효율성이 중요하므로 인간은 농경지를 점점 더 단일종으로 채웠다. 더 큰 땅에 더 큰 기계들로 한 번에 경작할 수 있으니 야채는 물론이고 곡물까지도 당연히 단일종 경작이 어느 정도는 더 타당하게 느껴진다. 하지만 한편으로 '바다같이 단조로운' 경작지는 이런 환경에 특화된 해충들의 천국이 되기도 한다. 이 해충들에게 단일종 경작지는 먹잇감을 넘치게 제공하는데 그 경작지에 특화되었다는 강점 덕분에 경쟁자도 없다. 일반종 해충 경쟁자들은 어디서나 잘 먹고 잘 살 수 있지만, 특화종 하나만 사는 슈퍼 서식지에서는 열등할 수밖에 없다.

해충을 먹는 육식동물들도 그다지 큰 힘을 발휘하지 못한다. 대량으로 존재하는 특화종 해충이 이 동물들에게는 잘 차려진 밥상이나 다름없으므로 이상하게 들리겠지만 여기에는 이유가 있다. 특화종 해충들은 연중 특정 시기에만 폭발적으로 대거 등장한다. 그 시기가 지나고 나면 개체 수가 대폭 줄어들다가 다음 식물

생장기에 다시 출몰한다. 하지만 자연의 육식동물은 일 년 내내 먹이가 필요하고 따라서 먹잇감 하나에만 집중하지 않는다. 이러한 해충 폭발 문제에 농업계는 살충제의 포괄적 사용으로 대처하려 한다. 화학적 공격이 효과가 있기는 하지만 대체로 육식동물과 해충의 천적들까지 죽인다. 따라서 살충제 과다 사용은 오히려 더 많은 해충을 부를 수 있다.

매년 씨를 뿌리지 않아도 되는 다년생 식물(나무, 관목 등)의 경우는 더더욱 다른 경작 방식이 훨씬 더 의미 있어 보인다. 이른바 '혼합형 농림업'agroforestry system이라는 것인데 토착 나무들 사이에 농작물을 (때로는 가축까지) 혼합해 키우는 농업 방식이다. 특히 열대 지방에서 하나의 농업 형태로 성공적으로 자리 잡았고(좀 더 자세한 내용은 11장 참조), 유럽에서도 과수 재배 등에 이용될 만하다.

땅은 대체 불가능한 '자원'

무엇을 어디서 기르든지 식물이 자라려면 비옥한 땅이 필요하다. 인간이 동물성 혹은 식물성 생산물을 먹으며 영양소를 채워야 하듯 식물도 빛, 물, 이산화탄소 외에 땅의 영양소가 필요하다. 그런데 그런 비옥한 땅이 유기체들에 의해 만들어지며 사라질 수도 있는 자원임을 모르는 사람이 많은 것 같다. 암석의 풍화와 죽은 유기체들의 화학적 전환을 통해 비옥한 땅이 생성되기까지 수백 년에서 수천 년, 때로는 수백만 년이 걸리기 때문에 '땅'은 대체 가능한 자원이 아니다. 그런 의미에서 비옥한 땅은 생태계가 제공

단조로운 집약적 곡물 산업

다양성의 여지를 주는 광범위한 곡물 산업

하는, 인간이 대체할 수 없는 가장 소중한 서비스이다.

땅에는 몇 가지 특성이 있다. 물리적으로 물을 저장할 수 있
는 구조이고, 화학적으로 영양소와 무기물을 포함하며, 생물학적
으로 나무의 뿌리를 품고 박테리아와 균 같은 살아 있는 유기체

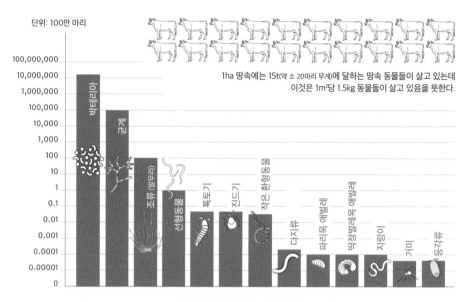

単位: 100만 마리

1ha 땅속에는 15t(약 소 20마리 무게)에 달하는 땅속 동물들이 살고 있는데
이것은 1m²당 1.5kg 동물들이 살고 있음을 뜻한다.

1m³의 비옥한 땅에 사는 거주자들과 그 숫자

들을 포함한다. 이런 특성들은 농산물 재배에 꼭 필요한 것이기도 하지만 자연 생태계에 (말 그대로) 토대가 되기도 한다.

한 주먹 분량의 부식토(뾰족하거나 넓적한 이파리 같은 유기물질들이 화학분해되어 생성된 땅의 표면 부분)에 지구상 모든 인간의 수보다 더 많은 유기체가 살고 있으며, 이 유기체들이 식물에 영양소를 제공하는 것을 시작으로 인간이 먹는 식량이 만들어진다.

땅속의 동물군, 화학물질, 혹은 구조가 망가질 때에 우리는 땅이 '황폐화'degradation되었다고 한다. 농경지에서 토지의 화학 성분이 변하는 것은 살충제와 화학 비료를 대량으로 사용했기 때문이며, 토지의 구조가 바뀌는 것은 크고 무거운 기계들을 이용해 주로 대량생산을 하기 때문이다. 크고 무거운 기계들이 경작지를 활보할 때에 땅은 압축되고 마를 수밖에 없으며, 더 이상 부식토를 생성할 수 없고 있는 부식토마저 침식되면서 이산화탄소를 배출한다(지구의 땅속에는 지구상의 모든 생물 속 이산화탄소를 합친 것보다 세 배나 많은 약 1조 5,000억 톤의 탄소가 저장되어 있다). 이런 땅은 이제 일반적인 식량 생산에는 전혀 적합하지 않다. 전문가들에 따르면 이미 지구상의 농경지 75%가 이런 위험한 상태에 있다고 한다. 그리고 집약적 단일경작에서는 농경지 침식의 속도가 자연적인 토양 생성의 속도보다 100배까지 빠르다고 한다.

이런 추세를 멈추거나 되돌리기 위해서는 혼합형 농림업을 하거나 생태계가 제대로 살아 있는 서식지에서 식량을 생산해야 하며, 동시에 땅의 생태계에 해로운 것은 전부 삼가야 한다. 그럴 수 없다고? 그래야 한다! 아니, "그렇게 하지 않으면 돌이킬 수 없게 된다!"라고 하는 게 낫겠다. 먹여 살려야 하는 인구가 계속 더 늘어나고 있지만 비옥한 땅을 망치면서까지 대량생산을 할 여유가 이제 우리에게는 없다. 이제는 주거지나 천연 그대로의 땅을 파괴하지 않고서는 더 이상 농경지로 만들 땅조차 없다.

열대지방에서 이루어지는 생물 다양성 지향적이고 땅을 보호하는 방식의 농경이 장기적으로 볼 때에 더 수익을 높이고 돈이 들어오는 통로를 다양화한다. 사실 세계적으로 생산된 식량의 약 3분의 1은 어차피 우리 식탁에 올라오지도 않는다(경작지가 줄어들어도 괜찮다는 뜻). 그러므로 이제는 자연과 조화로운 방식이 자연과

생물 다양성과 음식

81

싸우는 방식보다 인류를 먹여 살리는 데도 언제나 더 낫다는 사실을 이해해야 할 것이다.

바닐라가 은보다 더 비싸진 이유

땅속만이 아니라 '그 위'에도 우리에게 끊임없이 서비스를 제공하는 유기체 군단이 있다. 온 세상에서 밤낮 내내, 그것도 무료로 말이다. 바로 자연 수분자(꽃가루 매개자)들이다.

수분이란 꽃 속 수술의 화분(꽃가루)을 (그 꽃 혹은 다른 꽃) 암술머리로 옮기는 것이다. 그래야 열매가 생긴다. 이런 방식을 만들어 낸 식물은 과연 '세상 천재'가 아닐 수 없다.

모기가 우리한테 해 준 게 뭐가 있냐고?

모기종들은 대부분 피를 좋아하기 때문에 우리로서는 매우 거슬리는 존재이고 심지어 열대지방에서는 생명을 위협하는 병을 옮기기도 한다. 그러나 모기도 생명의 월드와이드웹에서 매우 중요한 역할을 한다. 수천 종의 모기와 그 수백만 개체들은 조류, 작은박쥐류, 어류, 파충류, 양서류의 중요한 먹이이다. 모기가 없다면 이들의 삶이 팍팍해진다. 몇몇 종은 멸종할 정도이다.

모기는 다른 이들의 먹이가 되어 줄 뿐 아니라 생태학적으로도 아주 중요한 역할을 하고 있다. 다름 아니라 수많은 유용식물의 수분자라는 것이다. 세상의 꽃 모양은 다 다르므로 최대한 다종다양한 수분자가 있어야 한다. 벌만으로는 부족하다.

예를 들어 좀모기과는 카카오꽃의 수분자이다. 그것도 유일한 수분자이다. 카카오꽃은 너무 작고 구조가 복잡해서 커 봤자 3mm를 넘지 않는 좀모기과만 침투할 수 있기 때문이다! 그러므로 좀모기과가 없다면 우리는 초콜릿도 못 먹는 셈이다. 생물 다양성을 살리는 데 이보다 더 강력한 이유가 있을까?

좀모기과만이 수분시킬 수 있는 카카오꽃

자가수분을 하는 식물들은 동종의 다른 개체가 전혀 필요 없다. 동종의 개체가 필요한 이른바 타가수분을 하는 식물은 바람, 물, 혹은 동물이 꽃가루를 한 개체에서 다른 개체로 전달하는 일을 맡아 줘야 한다. 대부분의 풀과 그 풀이 자라서 되는 곡물류는 바람에 의해 수분되는 반면, 꽃식물의 80%, 그러니까 대부분의 과일과 야채는 동물에 의해 수분된다. 말하자면 세계 식량의 약 35%가 동물에 의한 수분에 의지하는 것이다.

자연수분자의 전형적인 예로 꿀벌을 들 수 있겠지만 사실 꿀벌은 꽃식물 약 25만 종 중에서 약 15%의 수분만 책임진다. 카카오꽃처럼 아주 작은 꽃을 수분하기에 꿀벌은 너무 크다. 우리는 최소 10만 종에서 최대 20만 종에 달하는 동물종이 식물의 수분에 중요한 역할을 하고 있다고 본다. 그중 무척추동물과 함께 곤충의 활약이 매우 크다. 하지만 조류, 원숭이, 작은박쥐류, 설치류, 유대류 같은 척추동물 1,500종도 식물의 수분에 공헌하고 있다. 그러기 위해서는 좋은 서식 조건이 필요한데, 이는 자연 상태에서 찾기 쉬우며 때로는 자연 상태에서만 찾을 수 있다. 적당한 수분자가 잘 살 수 있는 덜 훼손된 열대우림일수록 커피 생산에 적합한 이유가 바로 여기에 있다.

커피와 초콜릿을 먹을 수 없다면 썩 좋지는 않겠지만, 그나마 이것들은 없어도 우리가 살아가는 데 지장은 없는 사치품에 속한다. 하지만 과일과 야채와 견과류를 위한 수분자들이 모두 사라진다면 큰 문제이다. 이 경우, 인간이 직접 수분하는 것은 절대 대안이 될 수 없다. 몇몇 식물이라면 손과 핀셋으로 수분할 수 있지만, 자연수분자들이 하듯 대대적으로, 그것도 무료로 수분할 수는 없는 노릇이다.

예를 들어 바닐라가 현재 이렇게 비싼 이유가 바로 바닐라종 난초(이 난초의 열매를 발효시킨 것이 바닐라)를 인간이 직접 손으로 수분

맞춤 수분자가 없어서 인간이 손으로 수분해야 하는 바닐라꽃

시키고 있기 때문이다. 그럴 수밖에 없는 것이 현재 바닐라종 난
초는 대개 마다가스카르에서 재배되고 있는데 원래 이 난초의 고
향은 멕시코였다. 멕시코에서 자라던 이 난초에 특화된 수분자까
지 마다가스카르로 데려올 수는 없었다. 그 결과, 바닐라 1kg이
은 1kg보다 더 비싸게 되었다!

100칼로리의 식물 = 3칼로리의 소고기

세상 사람들이 전부 농산물만 먹고사는 것은 아니다. 자연이
제공하는 그 외의 음식들에 의존하는 경우도 드물지 않다. 특히
서아프리카, 중앙아프리카, 아시아 일부에서는 야생동물의 고기

가 중요한 영양 공급처라서 포유류와 조류의 수가 사냥으로 인해 급격하게 줄어들고 있다. 그 결과, 겉으로 보기에는 자연 상태처럼 보이지만 사실은 '동물이 없는' 숲들이 생겨났다.

이러한 '빈 숲'에는 중요한 수분자와 씨앗 전파자도 없으므로 숲의 구조가 바뀌기 시작한다. 열매를 맺지 못하므로 숲이 더 이상 젊어지지 못하는데 이때 기후변화로 인한 재해를 직격탄으로 맞기 쉽다. 자연 그대로의 생태계를 유지하거나 최소한 야생의 유기체들도 살아갈 수 있는 농법을 실행한다면 '야생 음식'도 영양의 중요한, 혹은 보완적인 공급처 역할을 할 수 있다.

우리에게 모파네mopane(황제나방의 일종) 애벌레 혹은 메뚜기 같은 먹거리는 매우 생소하지만, 그 번식 지역에서는 '지역 음식이자 제철 음식'이라는 점에서 (환경 파괴 없는) 지속성을 보장한다. 곤충 약 1,900종이 약 20억 인구가 정기적으로 먹는 훌륭한 영양소이자 단백질 공급원이다. 그리고 곤충은 곧 90억 명에 이를 세계 인구를 어떻게 지속 가능한 방식으로 먹여 살릴지에 대한 소박한 하나의 대안이 될 수도 있다. 곤충은 살아가는 데 땅이 크게 필요하지 않고 적게 먹는 데 반해 상당한 양의 유기물이므로 (인간 입장에서) 건강하고 균형 잡힌 영양물질이다. 소고기 1kg을 얻기 위해서는 곤충 1kg을 얻을 때보다 훨씬 더 많은 사료가 필요하다. 게다가 소는 곤충보다 12.5배 더 많은 땅을 필요로 한다.[1] 무엇보다 훌륭한 점은 곤충이 수분도 하고 땅도 살린다는 것이다.

그래도 문제는 남는다. 인간은 수만 많아지는 것이 아니라 점점 부유해지기도 하기 때문이다. 아시아, 아프리카, 라틴아메리카에서 중산층이 부상 중인데 이들이 새롭게 얻은 식습관이 생물다양성에 추가로 영향을 미치고 있다. 2050년까지 세계 인구가 35% 더 증가할 것으로 예측하고 있는데 복지 지수와 함께 고기 및 유제품에 대한 욕구도 올라가므로, 이는 믿을 수 없게도 식량 생산을 100% 더 늘려야만 한다는 뜻이다. 이미 지금도 인간이 생산한 농산물 총 칼로리 중 인간이 섭취하는 것은 55%에 불과하다. 나머지는 동물 사료(36%)나 바이오 연료(9%)로 쓰인다. 우리는 100칼로리의 식물로 단지 40칼로리의 우유, 혹은 22칼로리의 달걀, 혹은 12칼로리의 닭, 혹은 10칼로리의 돼지고기, 혹은 3칼로리의 소고기만을 만들 수 있다.[2] 이 말은 우리가 동물성 음식을 삼가고 식물성 음식을 더 많이 섭취하는 쪽으로, 혹은 곤충들을 더 많이 섭취하는 쪽으로라도 식습관을 바꾼다면 훨씬 더 많은 사람을 먹여 살릴 수 있고, 그럼 경작지도 덜 필요할 것이며, 곧 생물다양성도 좋아질 것이라는 뜻이다.

개발도상국에서 고기와 유제품의 수요가 올라가고 있는 것처럼 선진국에서도 식습관이 변하고 있다. 예를 들어 요즘은 어디를 가든 스시, 아보카도, 퀴노아를 흔하게 접할 수 있는데, 이것도 생물 다양성을 아주 심각하게 해친다. 다음은 단지 몇 가지 예일 뿐이다. 아보카도 농사에는 물이 대거 필요한데 특히 건조한 지역에서는 그곳의 동식물군이 생존에 꼭 필요로 하는 물까지 끌어다 쓰고 있어서 큰 문제이다. 웬만한 도시에서 파는 뮤슬리(그래놀라)라면 이제는 퀴노아가 꼭 들어가기 때문에, 퀴노아 농사를 위한 땅이 점점 넓어지고 있다. 원산지인 볼리비아와 페루에서는 퀴노아 가격이 치솟아서 원래 퀴노아를 주식으로 먹던 사람들이 더 이상 먹지 못하게 되기도 한다.

한편, 어디서나 간편하게 스시를 팔게 되면서 안 그래도 사라질 위기에 처한 다랑어를 과도하게 잡고 있고, 먼 육지까지 신선한 상태로 보내기 위해 저온 유통망에 들이는 에너지도 상당하다.

잘 지내! 그동안 (푸짐한) 생선 고마웠어

우리는 먼바다 생선을 점점 더 사랑하게 되었다. 바다 생선은 자연이 우리에게 주는 그야말로 서비스 식량이다. 안타깝게도 심는 자는 없고 수확하는 자만 있다. 어류 양식장이라고 해도 먹이는 야생의 어류를 가져다 쓰므로 결국 해수어류에 의존할 수밖에 없다.

인간은 공해상의 어류에게 소유주가 없으므로 무한정 잡을 수 있다고 생각하고 실제로도 그렇게 무한정 잡아 댄다. 더 이상 배에 실을 수 없을 때까지 잡는다. 이것은 '공공 자원의 비극'이라 할 만하고, 그 결과로 시장에서 팔리는 어류 자원의 33%가 과도하게, 60%는 최대한 잡히고 있는 실정이다. 단지 7%만이 높은 어획량에도 불구하고 개체 수를 유지할 정도로 충분히 새끼를 낳고 있다. 특히 대형 어류가 인기가 많아 대량으로 잡다 보니 그 개체 수가 대폭 줄어들었다. 재고량이 줄어들어 더 이상 수지에 맞지 않으면 사람들은 이제 좀 더 작은 종들로 눈을 돌린다. 이러한 '먹이그물 낚시'fishing down the food web는 먹이사슬을 파괴하기 때문에 해양 생태계에 심각한 피해를 줄 수 있다.

그냥 다 잡기

마구잡이 어업이 어떤 극단적인 결과를 부르는지 잘 보여 주는 예로 '대서양대구'Gadus morhua 이야기를 들 수 있다. 뉴펀들랜드(캐나다 동북부) 해안에서는 16세기부터 대서양대구가 많이 잡혔는데 1950년대 말에는 포획량이 약 30만 톤에 이르렀다. 1960년대 어업 기술의 발달로 더 크게 늘어나다가 1968년에는 무려 80만 톤에 이르렀다. 이런 식의 다량 포획은 지속 불가능하다고 과학자들이 경고했지만, 수산업계는 생계가 달린 문제였으므로 포획을 멈추지 않았다. 그 결과, 1990년대 들어 북대서양에서 잡히는 대구의 양이 급격히 줄어들었다. 약 4만 명의 어부가 직업을 잃었다. 2006년에 대구잡이가 다시 허락되었지만 예전만큼의 포획량은 절대 회복하지 못했고 앞으로도 회복하지 못할 것이다. 그 이유는 어류들의 생태계를 보면 알 수 있다. 다 자란 대서양대구는 먹이사슬에서 가장 상위의 포식자로서 청어나 작은 연어 같은 좀 더 작은 포식자들을 견제한다. 대서양대구가 거의 멸종할 뻔했으므로 청어와 작은 연어 종들이 상대적으로 늘어났고, 이 종들이 다시 새끼 대구들을 먹어 치우므로 대구의 수가 더 이상 늘어날 수 없는 것이다.

줄어드는 어류 포획량을 보충하기 위해 북극, 남극, 심해와 같이 지금까지 멀게만 느껴졌던 지역으로 진입해 볼 수도 있다. 하지만 800m, 혹은 그 이상 내려가는 심해 어업도 생물 다양성에 큰 타격을 입힌다. 이런 곳들은 상대적으로 생활환경이 열악하므로(빛이 없고 온도가 낮으며 압력이 높다) 그곳에 사는 어류는 자연스럽게 매우 희귀한 종이며 수명이 길고 아주 천천히 번식한다. 이렇게 독특한 생태계를 회복하기는 그만큼 더 어렵다.

그런데 '목표 종'들을 대상으로 한 거침없고 과도한 포획 외에도 생물 다양성을 해치는 문제가 또 있다. 다름 아니라 목표하지 않았던 다른 종을 뜻밖의 곁가지로 잡는 것이다. 매년 상어와 가오리 1억 마리, 고래와 돌고래 30만 마리, 바다거북 25만 마리, 알바트로스 10만 마리 등이 이 곁가지 포획의 희생자가 되고 있다.[3]

소비자들은 자주 자신이 주문하거나 구입한 생선이 아닌 다른 생선을 받기도 한다. 마지막에 팔리는 것이 무엇인지 사실상 검증되지 않기 때문이다. 한 연구에 따르면 스시 레스토랑 생선의 74%, 일반 레스토랑 생선의 38%, 마트 생선의 18%가 사실은 포장지에 쓰여 있는 이름과 다른 생선이라고 한다.[4] 그러나 이것은 생물 다양성에는 좋은 소식이다. 메뉴에 적혀 있는 귀한 대서양대구보다는 흔한 틸라피아(담수어의 일종)가 서빙되어 나오는 게 생물 다양성에는 차라리 낫다.

생물 다양성을 유지하는 식생활은 사실 간단하고 이미 널리 알려져 있다. 지역에서 나는 제철 식재료를 산다. 고기와 유제품은 덜 먹는다. 냉동식품을 쟁여 놓기보다 그때그때 신선한 재료로 요리한다. 먹을 수 있는 만큼만 사서 먹고 버리지 않는다.

빠른 쾌유를 빕니다
- 생물 다양성과 건강

생물 다양성은 우리의 건강에 좋기도 하고 나쁘기도 하다. 자연에는 우리를 공격할 수 있는 병원체들도 다양하게 많으니까 말이다. 우리는 당연히 그런 병원체들은 전멸시키고 싶다. 전염병 병원체까지 보호하고 싶은 사람은 없을 것이다!

그러나 전체적으로 볼 때 생물 다양성은 우리의 건강에 좋고 심지어 기본적으로 꼭 필요하다. 생물 다양성은 우리를 위해 물과 공기를 정화해 주고 기후를 조절해 주며 병원균을 막아 주는 자연 생태계의 기반이다. 병든 행성에 사는 인간이 건강할 수 있겠는가? 그럴 수 없다! 그러므로 생물 다양성 보호는 낭만적인 자연을 꿈꾸는 것이 아니라 모든 인간의 안녕에 이바지하기 위해 꼭 필요한 행위이다.

초대형 청소 서비스 ─ 물, 공기, 일산화탄소

세계 인구의 약 70%는 그런대로 비슷하게 산다. 다시 말해, 집 안에 있는 수도꼭지를 틀면 깨끗한 물이 나온다. 하지만 2019년 유엔 수자원 보고서에 따르면 21억 인구가 아직도 공공 수도 시설이 없는 곳에서 산다.[1] 그래서 강, 개울, 호수, 웅덩이 같은 곳에 가서 매일 필요한 물을 길어다 쓴다.

원래는 땅 표면의 물을 마셔도 문제는 없다. 유일하게 지구라는 행성에 생명체가 자랄 수 있었던 것도 어쨌든 지구 표면에서 물이 흘렀기 때문이니까.

깨끗한 식수 이용은 2010년 인간의 기본 권리로 선포되었다.

하지만 우리가 환경오염 물질을 거르지 않고 자연으로 내보내기 때문에 많은 곳에서 그 '생명수'가 오히려 건강에 매우 위험한 것이 되었다. 매년 약 50만 명이 오염된 물을 마셔서 설사병으로 사망하고 있다.[2] 깨끗한 식수를 이용할 권리가 2010년 7월 유엔 총회에서 인간의 기본 권리로 명문화되었음에도 말이다.

강과 호수의 가장자리 숲에 종의 다양성이 살아 있다면 자연 생태계가 물을 무료로, 그리고 제대로 정화해 주므로 그런 죽음은 대개 피할 수 있다.

원칙적으로만 보면 유럽의 산과 숲에서 눈이 녹은 물과 빗물은 곧장 마실 수 있어야 한다. 지하수가 되는 과정에서 집중적으로 정화되기 때문이다. 하지만 유럽의 산과 숲은 이제 그런 산과 숲이 아니다. 전체적으로 (온난화로 인한) 수분 증발 현상이 강해졌고, 단조로운 가문비나무(침엽수) 숲에서는 1년 내내 '푸른' 이파리들 때문에 오직 빗물의 3분의 1만 땅속으로 스며든다. 원래의 자연에 가까운 너도밤나무(활엽수) 숲이었다면 빗물의 약 절반 정도가 지하수로 흘러들어갔을 것이다.

숲은 천연 정수기

숲에 비가 내리면 그 빗물 일부가 땅까지 도달한다. 땅은 나무들의 뿌리와 동물들의 활동으로 인해 미세한 구멍이 많고, 크고 작은 길들이 나 있기 때문에 하나의 단단한 덩어리라기보다는 오히려 스펀지를 닮았다. 빗물이 구멍들을 통해 흘러내려가는 동안 그 통로들이 점점 더 작아지므로 역학적으로 빗물 속 입자들이 점점 더 많이 땅속에 남게 된다. 이것만으로도 빗물은 상당히 깨끗해지는데, 거기에 빗물 속 중금속 등이 땅속의 특정 입자들과 결합하는 화학적 부동화不動化* 과정도 일어난다. 게다가 땅속 미생물들이 빗물 속 유기 유해 물질들을 분해해서 무해하게 만든다. 이렇게 빗물은 마침내 마실 수 있는 깨끗한 지하수가 된다.

이때 가장 중요한 필터는 무엇보다 숲의 부식토 층이다. 부식토는 숲의 위치와 나무들의 상태에 따라 질이 달라지고 따라서 정수 효과도 다르다. 일반적으로 부식토에 미생물이 많을수록 정수 효과도 커진다.

자연 생태계는 식수 정화와 물의 순환을 조절할 뿐 아니라 감사하게도 우리가 호흡하는 공기까지 정화한다. 공기 중 먼지와 오염 입자들이 나무의 잎과 껍질에 붙는다. 그것들이 빗물에 씻겨 내려가면 땅에 의해 정화되거나 하수도로 사라진다. 덕분에 먼지와 오염 입자들이 공기를 통해 우리 폐로 들어오지 않는다. 도시에서는 1m³ 공기에 10만~50만 개의 먼지 입자가 발견되지만, 숲에서는 약 500개만 발견된다. 이것은 숲에 먼지가 원래 적기 때문

●　무기 원소가 작물이나 미생물에 흡수되어 유기 화합물을 형성하면서 다른 곳으로 이동할 수 없게 되는 현상.

이 결코 아니다. 같은 크기의 나무 없는 잔디밭과 비교할 때 숲은 두 배에서 열 배까지 많은 유해 물질을 정화하면서 천연 미세먼지 여과기로 기능한다. 독일의 숲은 매년 1ha당 매연과 미세먼지 평균 약 50t을 여과한다. 축구장 크기의 숲 하나가 트럭 일곱 대가 뿜어내는 분량의 매연을 여과한다고 보면 된다.

여기 야생 약국이 불타고 있다고!

자연은 우리가 아플 때도 치료를 돕는다. 자연의 '야생 약국'은 풍부한 창의력 면에서라면 그 어떤 거대 제약 회사도 상대가 되지 않는다. 가성비 면에서는 더 말할 것도 없다. 당신은 오리노코라임나무개구리*Sphaenorhynchus lacteus*, 불렌거의배낭개구리*Crypto-batrachus boulengeri*, 긴발가락개구리속*Leptodactylus fuscus*에 대해 들어 본 적이 있는가? 아마도 없을 것이다. 하지만 이것들의 피부 조직이 황열병 병원체를 죽이는 단백질을 갖고 있으므로, 어쩌면 미래 당신의 인생에 한 역할을 하게 될지도 모른다.[3]

약리학적으로 효력 있는 신종 물질의 발견을 이야기할 때면 늘 양서류가 유력한 후보로 떠오른다. 양서류의 얇고 축축하며 혈액순환이 좋은 피부는 균류, 박테리아, 바이러스가 자라기에 완벽하게 좋은 토양이다. 그런데도 양서류는 습기 가득한 우림 지대에서도 곰팡이 문제 없이, 면역 반응도 없이 대부분의 병원체를 아주 잘 방어한다. 이것은 사실 의학계에 좋은 소식이다. 지금까지 연구된 개구리종만 보아도 특히 세포 성장, 통증, 염증을 억제하며 항바이러스에 좋은(에이즈 병원체를 없애는 데도 좋은!) 성분이 타액에서 발견된 바 있다.

열대의 숲에 얼마나 많은 병원체가 숨어 있을지 우리는 아직 모른다. 그리고 그 병원체들은 우리가 건드리지 않는 한, 그곳에 계속 숨어 있을 것이다. 우리가 가장 최근에 숲에서 꺼내 온 코로나바이러스나 에볼라바이러스도 숲에서는 옛날부터 존재했으므로, 우리는 그 숲의 생태계 내 유기체들이 인간에게 치명적인 이 바이러스들을 물리치는 해결책도 이미 오래전부터 갖고 있을 거라 추측할 수 있다. 그렇다면 연구해 볼 가치가 충분하지 않겠는가!

위염 환자들의 희망이 될 뻔했던 개구리

호주의 두 개구리종 '남부 위 부화 개구리'와 '북부 위 부화 개구리'는 새끼를 낳을 때, 수정된 알을 입으로 삼킨 뒤에 배 안에서 부화시키는 놀라운 전략을 갖고 있었다. 임신 호르몬이 분비되면 위산 분비가 억제되면서 위장이 부화에 적절한 장소로 바뀌기에 가능한 일이다. 의학적으로 이것은 위궤양이나 다른 위장병과 관련해 매우 흥미로운 소식이 아닐 수 없다. 의사들이 이 개구리들처럼 위산의 분비를 약으로 조절할 수 있다면 위장 관련 질병의 치료는 물론, 위장 수술도 훨씬 더 간단해질 수 있을 것이다.

참 좋은 소식이 아닌가? 하지만 꼭 그렇지도 않다. 이 두 개구리종 모두 이미 멸종한 것으로 보이기 때문이다. 그와 함께 위궤양 치료에 대한 비밀도 무덤 속으로 사라졌다.

참고로 지금까지 알려진 8,100종이 넘는 양서류 중 피부 분비물이나 다른 '생물학적 비밀'과 관련해 연구된 종은 아직 아주 소수일 뿐이다. 그리고 양서류가 속한 척추동물의 41%가 멸종 위기 상태거나 최악의 경우에 이미 멸종되었다고 본다. 자연에서 종이 하나 사라질 때마다 훌륭한 치료제 하나가 사라지는 것이나 마찬가지이다. 이제 당신은 "저기요! 여기 약국이 불타고 있다고요!"라고 소리치고 싶을지도 모르겠다.

그런데 우리의 치료제에 공헌하는 것은 양서류만이 아니다. 우리는 특히 독이 있는 동물들을 주시해야 한다. 해파리부터 곤충, 거미, 달팽이를 거쳐 어류, 양서류, 파충류, 포유류, 심지어 조류까지 모든 동물군에는 독을 가진 종이 존재한다. 그리고 독을 가진 종들은 당연히 다른 유기체들을 해칠 수 있는 물질을 분비한다. 하지만 알다시피 독이 되느냐 득이 되느냐는 언제나 복용량에 달려 있다. 게다가 동물의 독은 단지 특정 타입 '이온 통로'ion channel●에만 매우 구체적·한정적으로 작용한다. 이온 통로는 자극을 전달하는 데 중심 역할을 하고, 따라서 통증 민감도에도 큰 영

● 모든 세포에 존재하며 세포막을 통해 이온의 이동을 조절하는 단백질.

진통제로 쓰이는 독을 지닌 원뿔달팽이

향을 미친다. 이런 구체성·한정성은 잘 작동하면 기존의 다른 약물들과 달리 부작용이 없다. 예를 들어 태평양 원뿔달팽이는 자신만의 특이한 독을 갖고 있는데 잘 추출해 복용량을 제대로 맞추면 매우 강한 진통제와 암 환자를 위한 통증 완화제로 쓸 수도 있다. 기존의 통증 완화제인 모르핀은 내성이 생기므로 복용량을 점점 올려야 하지만 이 달팽이의 독은 계속 효력을 유지하므로 그럴 필요도 없다.

식물들도 통증 및 질병과의 싸움에 도움이 되는 성분들을 많이 제공한다. 침팬지는 기생충 공격을 받으면 데이지꽃의 야생 친척뻘 되는 아스필리아속Aspilia 식물을 씹지 않고 삼킨다. 그럼 이 식물은 24시간 안에 기생충과 함께 소화되지 않은 채 배출된다.[4]

또 다른 데이지과 식물로 쓴맛이 매우 강한 베르노니아 아미그달리나*Vernonia amygdalina*는 침팬지가 말라리아원충, 리슈만편모충, 혹은 빌하르츠주혈흡충 같은 단세포 기생충의 공격을 받았을 때 씹어 먹는 식물이다. 지금의 영장류가 약용식물을 이용하는 것처럼 원시인들도 자연의 치유력에 의존했다. 예를 들어 버드나무 껍질의 성분이 두통에 좋고 디기탈리스가 아주 강력한 심장약이라는 것은 이미 잘 알려져 있다.

'식물성'은 다 안전한가?

약이 '순수한 식물성'이라고 하면 무조건 안전하다고 생각하는 사람이 많다. 하지만 식물도 아주 위험한 독을 생산하므로 이것은 전혀 사실이 아니다. 이빨이나 가시로 직접 독을 뿜을 수 있는 많은 동물과 달리 식물은 보통 '수동적으로 유독하다'(예외는 쐐기풀속 정도

초강력 독을 생산하는 피마자꽃

이다). 식물들은 도망갈 수 없으므로 천적을 물리치기 위해 독에 의지하는 경우가 많다.

대개 약한 독으로 천적의 미각을 마비시키는 정도지만 피마자 Ricinus communis(아주까리) 씨앗에서 나오는 리신 단백질 같은, 우리가 아는 가장 위험한 독에 속하는 초강력 독도 있다.

어린이는 이 씨앗의 반쪽만 먹어도 생명이 위험할 수 있고, 성인은 씨앗 여덟 개면 이미 치명적이다. 화학적으로 유리된 리신 단백질은 더 위험해서 독일 전쟁무기 통제법에 기재되었을 정도이다.

하지만 피마자 씨앗을 압착 · 가열해 피마자유를 얻을 수도 있다. 피마자유는 이미 수백 년 동안 관장제로 사용되어 왔다. 리신 단백질은 열에 약해서 압착 · 가열하면 독성이 사라지기 때문이다.

세계 인구의 약 80%가 최소한 부분적으로라도 자연이 제공하는 약에 의존하고 있다.[5] 산업적으로 생산되어 약국에서 판매되는 약품도 약 3분의 1은 자연 성분으로 구성되어 있다. 원칙적으로 이런 자연 성분은 일단 발견되면 분석을 거쳐 실험실에서 재생산된다.

생물 다양성의 약리학적 잠재성은 어마어마해서 이것이 생물 다양성을 보존해야 하는 가장 큰 이유가 되기도 한다. 어쩌면 지금 이미 열대우림이든 산호초든 건조한 초원이든 저 밖의 어딘가에서 항생제 내성, 당뇨, 암, 심장병에 대한 해결책이 넘쳐 나고 있을지도 모른다. 이 생활 터전들을 지금 보살피지 않으면 그 해결책들은 우리가 제대로 질문해 보기도 전에 사라져 버릴 것이다.

인간이라는 서식지 ─ 내 몸속 생물 다양성

우리 조상들은 다른 동물들에게 사랑받는 존재, 그러니까 그들이 좋아하는 먹잇감이었다. 하지만 시간이 지나면서 다른 동물들은 인간을 먹으려 들기보다는 겁내는 쪽이 더 현명함을 알게 되었다. 인간은 이제 더 이상 진정한 '포식자'들의 식단에는 들어가지 않는다. 단지 악어만이 여전히 인간의 맛을 알고 적극적으로 덤벼드는 정도이다.

하지만 현재도 작은 유기체들은 여전히 우리 인간으로부터 영양물을 공급받고 있다. 우리는 이런 유기체들과의 관계를 다음 세 가지 형태로 분류할 수 있다. (1)상리공생: 우리의 몸속이나 피부에서 살지만 (장내 박테리아처럼) 서로에게 좋은 관계, (2)편리공생: 우리 몸속이나 피부에서 (진드기처럼) 지방이나 박테리아를 먹고 살지만 우리에게 해도 득도 되지 않는 관계, (3)기생 관계: 우리 몸속이나 피부에서 살면서 세포나 조직을 파괴하거나 독성이 있는 대사 물질을 생산하므로 우리에게 해가 되는 관계이다.

독일에서는 국민의 0.01%만이 몸속에 기생충을 갖고 있지만, 세계적으로는 그 숫자가 적어도 30억 명에 이른다. 인간에 붙어 사는 기생충으로는 단세포생물 70종, 유충 300종과 다른 동물 몇 종 정도가 알려져 있다. 그중에는 어쩌다 길을 잘못 들어 인간을

생물 다양성과 건강

103

덮치게 되는 개체들도 있다. 브라질에 서식하며 벌레같이 생긴 작은 흡혈메기도 그중 하나이다. 이 흡혈메기는 원래 요소尿素를 매개로 큰 어류에 기생하는데 가끔 길을 잘못 들어 인간의 요도로 들어오기도 한다. '집을 잘못 찾아 들어간' 셈인데 곧바로 배출되기 때문에 위험한 것은 아니다.

어쨌든 인간을 꾸준히 서식지로 이용하고 있는 종은 90종 정도이다. 이 거주자 중에는 이미 수백만 년 우리와 함께한 종도 있고 상대적으로 최근에 붙은 종도 있다. 그중에는 광절열두조충이라는 거대한 녀석도 있는데 몸길이가 거의 20m에 이르기도 한다. 하지만 말라리아 병원체 같은 단세포생물도 많다.

세계적으로 매년 최소한 백만 명이 기생충으로 인해 사망한다.[6] 기생충은 즉사를 부르지는 않지만, 강한 녀석이거나 거듭 공격할 때 인간의 생명을 단축한다. 어쨌든 우리 몸에 '이물질'이 들어와 마땅히 우리에게 돌아가야 할 영양소를 먹어 대고 우리 신체 기관들을 갉아먹고 그 대사 물질로 우리 신체에 부담을 주니까 말이다. 그렇다면 당연히 기생충 박멸에 최선을 다해야 할 것 같다. 아닌가?

모기를 박멸하면 말라리아가 사라질까?

말라리아 병원체는 말라리아원충속Plasmodium의 단세포생물들이다. 약 120종이나 되는 말라리아원충 중에 오직 다섯 종만이 인간의 몸속에서 다양한 형태의 말라리아 병을 일으킨다. 이 병원체가 말라리아모기속*Anopheles* 암컷 모기의 침에 의해 전달되는 식이다. 세계보건기구(WHO)의 발표에 따르면 2018년 약 2억 2,800만 명의 말라리아 환자가 발생했고 그중에 40만 5,000명이 사망했다고 한다. 말라리아 병원체 중에 최소한 두 종류는 인체에 최대 50년 동안 아무런 증세 없이 잠복할 수 있다. 50년 후에도 말라리아를 일으킬 수 있는 것이다. 여행자들 사이에 예방약 차원의 말라리아 응급 약품들이 흔해짐에 따라 모기 속 말라리아 병원체의 힘이 더 강해졌다.

말라리아모기의 번식을 막아 주는 포식자 곤충들은 그 특성상 유전적으로 다양하기가 어려워서 살충제에 대한 저항력이 약하다. 그렇기 때문에 말라리아모기를 죽이려고 사용하는 화학적 조치에 포식자 곤충들이 더 많이 죽는 경우가 많다. 그 결과, 말라리아모기는 더욱더 번성한다. 그러므로 모기의 천연 천적들을 육성하고(그러니까 학살하지 않고), 좋은 모기장을 사용하는 편이 훨씬 더 타당해 보인다. 무엇보다 이 위험한 병원체에 대한 백신이 아직 없으므로● 이것은 구식이라도 꼭 알아 둬야 할 중요한 점이다. 어쨌든 모기에 덜 물릴수록 말라리아도 덜 걸릴 테니까 말이다.

● 제약 회사 글락소스미스클라인(GlaxoSmithKline, GSK)이 '모스퀴릭스'(Mosquirix)라는 이름의 세계 최초 말라리아 백신을 개발했고, 2021년 10월, WHO의 승인을 받았다.

지구상 모든 유기체의 약 50%가 부업으로 기생충이기도 하므로, 기생충은 먹이사슬의 안정에 중요한 역할을 한다. 예를 들어, 진드기 같은 체외 기생충들은 많은 새들의 중요한 영양 공급처이다. 기생충을 전부 몰살한다면 수많은 다른 종들이 멸종 위기에 처하고 생태계 안정이 깨질 것이다. 생태계가 무너지면 어떤 일이 벌어질지 아무도 모른다.

하지만 인간을 괴롭히는 데다 다른 동물의 먹잇감조차 아닌 기생충이라도 지켜 줘야 하는데 여기에는 또 다른 중요한 이유가 있다. 바로 우리의 면역 체계를 강화하기 때문이다. 면역 체계에게 시시때때로 이 성가신 녀석들과 싸우라고 시키지 않으면 면역 체계는 심심해하기만 하다가 나중에 무슨 일이 생기면 심각하게 과잉반응한다. 이것을 우리는 '자가 면역 반응'이라고 한다. 면역 체계가 공격할 필요가 없는 교란 요소마저 과하게 공격하는 것이다. 이때 우리 몸은 알레르기를 일으킨다.

참고로 약 1,000억 개의 박테리아가 사는 우리의 장은 우리 몸에서 가장 중요한 면역 기관의 하나이다. 이 박테리아들은 장내 건강한 세균들로, 자가 면역 반응을 방지한다. 다시 말해 이 세균들이 어떤 이유에서 부족하게 되면 쉽게 자가 면역 반응이 일어날 수 있다.

장내 박테리아는 그 숫자만으로도 이미 놀랍다. 인간의 몸이 약 10억 개의 세포로 이루어져 있는데 건강한 사람의 장에는 그 100배의 박테리아가 살고 있는 것이다! 박테리아의 수만이 아니라 종의 다양함도 놀랍다. 인간은 모두 1,000가지가 넘는 다양한 미생물종의 서식처이다. 미생물의 정확한 구성은 사람에 따라, 그리고 나이에 따라 다르다.

이 장내 세균들은 비타민 K를 만들어 주고 병원성 박테리아를 막아 준다. 유익한 세균들이 살아 있는 장의 벽에는 병원성 박테리아들이 살아갈 자리가 없다. 알고 먹든, 아니면 대량 축산으로 생산된 고기를 통해 섭취하든 간에 항생제를 복용할 때 우리는 원치 않게 장내 유익한 세균들을 죽이게 되고 그럼 위험한 세균들을 위한 자리가 생긴다. 그러므로 잘못된 식생활도 장내 균형 상태를 흔든다. 필요한 영양소를 받지 못하는 '좋은' 세균은 죽고 '나쁜' 세균이 번성한다. 배에 차는 가스, 설사, 통증 등이 그 결과이다. 체내 유익한 미생물들이 다양하게 살아 있을 때 당뇨, 비만, 심지어 불안증과 우울증까지 방지해 준다는 연구 결과들이 계속 나오고 있다. 생물 다양성에 축배를! 우리 몸속의 생물 다양성에도 축배를!

코비드19는 빙산의 일각

인간에게 매우 위험한 병들이 그 '보유자'인 야생동물 속에서 잠자고 있다(보통 박쥐가 지목되지만 다른 포유류나 조류도 가능하다). 이 동물들은 스스로 그 병에 걸리지는 않지만 병원체를 항상 지니고 있다. 이른바 벡터vector라고 하는 다른 동물들이(주로 곤충이나 진드기) 매개체가 되어 인간에게 병을 전파하기도 한다. 하지만 대체로 감염된 큰박쥐과, 침팬지, 고릴라나 원숭이, 영양, 천산갑, 호저과 등의 야생동물을 인간이 도살하거나 가공하는 과정에서 직접 접촉할 때 감염된다.

이런 인수공통감염병의 목록은 전혀 짧지 않고, 초식동물 속에 사는 박테리아 병원체인 탄저균부터, 아프리카 큰박쥐과에서 처음 발견된 에볼라를 거쳐, 동아프리카의 원숭이로부터 전파된 것으로 추정되는 지카바이러스까지 다양하다. 사스나 메르스 같은 코로나바이러스의 보유자로는 사향고양이아과와 단봉낙타가 확정되었다.

새로운 코로나바이러스인 코비드19도 당연히 야생동물에게서 퍼져 나왔으며, 박쥐가 그 보유자로 추측되고 있다. 잘 알려졌다시피 코비드19는 중국 우한의 야생동물 시장을 통해 세상 밖으로 나왔다. 과학자들에게는 사실 그리 놀라운 일은 아니었다. 2019년 3월 중국 연구자들이 발표한 자료가 하나 있는데 그대로 옮겨 보면 다음과 같다. "그러므로 미래의 사스 혹은 메르스 류의 코로나바이러스는 박쥐에 의해 발병할 것으로 보이고 중국에서 발생할 가능성이 매우 높다."[7]

위험에 처한 갑옷 입은 기사

천산갑은 아시아에 네 종, 아프리카에 네 종이 다행히 아직도 생존해 있다. 천산갑은 포유류로서 유일하게 비늘을 가진 동물이다. 일

불법으로 거래되는 천산갑

반 개미와 흰개미를 먹이로 삼는다는 점에서 개미핥기와 비슷하지만 그와 전혀 다른 종이며, 비슷하게 생긴 아르마딜로와도 전혀 다른 종이다. 생긴 건 그렇지 않지만 천산갑은 포식자 동물들과 아주 가깝다. 하지만 갑옷으로 무장까지 하고 있어도 인간의 과도하고 끔찍한 사냥은 피할 수 없는 듯 현재 멸종 위기에 있다.

천산갑은 2017년부터 국제 거래가 금지되었음에도 현재 세계적으로 가장 자주 거래되는 야생 동물로 추정된다. 아프리카는 물론이고 특히 아시아에서 천산갑 고기는 진미로 취급받고 비늘은 한의학에서 약재로 쓰이므로 천산갑 밀렵은 멈출 줄을 모른다. 상아 불법 거래를 전문으로 하는 조직 범죄단들이 점점 더 천산갑 거래로 옮겨 가고 있어 천산갑들이 아주 조직적으로, 산 채로, 냉동된 채로, 절여진 채로, 전체 혹은 부분으로 팔려 나가고 있다. 이런 사태가 우려되는 것은 종의 보호 문제도 있지만, 천산갑이 박쥐와 인간

사이에서 병원체를 전달하는 중간 숙주 역할을 한다는 증거들이 있기 때문이다.

이렇듯 인수공통감염병은 대체로 야생동물과 직접 접촉할 때 발병한다. 야생에서는, 혹은 온전한 상태로 유지되고 있는 우림에서는 야생동물들이 인간을 피하므로 접촉은 거의 일어나지 않거나 아주 가끔 일어난다. 인간과 동물 사이의 안전거리가 늘 확보되는 것이다. 하지만 병원체를 갖고 있는 동물이 사냥당하여 시장으로 나오거나 가공되면 직접 접촉에 의한 감염의 위험이 급격하게 올라간다. 그 후에 인간이 인간을 감염시키게 되면 이제 정말 위험해진다. 감염 사태 하나가 세계적 대유행병으로 번지게 되는 것이다.

특히 열대지방은 생물 다양성이 높고 따라서 병원체도 많이 잠재해 있으며 야생동물 거래의 전통도 강하므로 인간에게 위험한 병원체들이 거듭 다시 전파될 것이다. 이에 대한 책임은 숲에 있는 것도, 그 숲에 사는 '위험한' 동물에 있는 것도 아니고 우리의 침투에 있다. 밀렵꾼, 벌목꾼, 금을 찾는 사람들, 혹은 소작인이 한때 원시림이었던 다른 생물들의 터전 속으로 밀고 들어간다. 그렇게 야생동물들을 죽이고 종의 자연적인 구성 상태를 바꾼다. 쥐, 박쥐, 모기 같은 위험한 병들의 보유자이자 매개체인 동물군은 사실 인간 가까이에서 편안함을 느낀다. 천혜의 우림과 달리 인간 가까이에서는 천적의 위험이 없기 때문이다. 그렇게 바이러스 전파가 또 더 쉬워진다. 야생동물과 그 고기를 거래하는 동안 위험한 병원체가 곧장 식재료 시장에 도달하는 동시에, 대개 곧장 대도시의 중심에 안착하게 된다. 자연에서는 사람은커녕 자기들끼리도 절대 만날 일이 없던 야생동물들이 이런 시장에서 갑자기 대량으로 촘촘히 서로 맞닿은 채 전시된다. 이런 시장은 모든 병원체가 개체들 사이만이 아니라 종들 사이까지 마음대로 옮겨 다닐 수 있는 병원체들의 천국과도 같다. 열대의 숲 자연 그대로의 생태계에 우리가 침투하면 할수록, 그리고 야생동물과 그 고기에 대한 거래가 도시의 시장에서 통제 없이 이루어지고 있는 한, 점점 더 자주 병들이 전파될 것이고 점점 더 자주 세계적 대유행 사태가 벌어질 것이다. 그러므로 전문가들이 코비드19가 빙산의 일각이라고 믿는 것도 당연하다.

이것이 병원체의 보유자나 매개체인 동물들을 몰살하자는 말이 아님을 당신은 물론 잘 알 것이다. 이 동물들이 하는 일은 병원체의 '숙소'로서의 역할보다 제대로 작동하는 생태계를 위한 공헌자로서의 역할이 훨씬 더 크다. 아프리카 혹은 아시아 외딴 지역에 사는 사람들에게 야생동물 식용을 금지하자는 말도 아니다. 이들에게는 야생동물이 중요한 단백질 공급원인 경우가 많다. 다만 야생동물과 그 고기의 매매를 최대한 빨리 억제하고 매우 엄격하게 통제하자는 말이다. 그리고 열대우림을 잘 보호해서, 여태 몰랐던 병을 또 알게 되는 일은 없게 하자고 강력히 호소한다.

그대로 내버려 둔다면 그저 이롭기만 한 자연

스트레스를 날려 주는 초록의 힘

세계보건기구는 건강을 단순히 병이 없고 장애가 없는 상태가 아니라 육체적·정신적·사회적 면에서 모두 안녕한 상태로 정의한다. 이것은 깨끗한 식수, 영양이 충분한 식재료, 병원체의 통제만큼이나 정신적 건강에 필요한 모든 요소도 우리의 건강에 중요하다는 뜻이다. 그리고 이 모든 것에서 생물 다양성이 중요한 역할을 한다.

푸르른 곳에서의 삶이 대도시 4차선 통행로의 삶보다 모든 면에서 더 편안하다는 사실은 두말할 것도 없다. 기본적으로 녹지대에 자연 공간일수록 인간은 더 편안함을 느낀다. 편안한 정도에 그치지 않고 심지어 수명도 길어진다. 초록에 둘러싸인 사람은 수술 후에도 더 빨리 회복하고 더 잘 집중하며 정신적으로 잘 지치지 않는다. 종합하면 자연은 스트레스를 줄여 준다. 하지만 초록이라고 다 같은 초록은 아니다. 많은 연구가 증명했듯이 생물 다양성이 살아 있는 녹지일수록 인간이 느끼는 평온함의 수준도 올라간다.[8]

그러므로 자연은 이롭다. 우리를 아프게 하거나 해칠 수도 있지만 그보다 훨씬 더 많이 우리를 도와준다. 이 말을 믿기를 바란다. 아니면 의사나 약사에게 물어보시거나.

당신 곁의 슈퍼히어로
- 생물 다양성과 안전

배트맨, 스파이더맨, 슈퍼우먼 같은 슈퍼히어로들은 초자연적인 힘을 발휘하여 사기꾼과 악당으로부터 우리를 보호해 준다. 하지만 지구 생태계의 다양한 안전 기능과 비교하면 이들의 능력은 그리 대단치 않으며, 심지어 (미국에서만 활동하므로) 지역적이다. 게다가 '액션!' 사인이 들어와야만 움직인다는 치명적인 단점 때문에 대형 영화관에나 어울린다. 그러므로 문제가 정말 심각하다면 슈퍼히어로보다는 자연의 초능력을 믿는 편이 훨씬 낫다. 자연은 어디에나 있으므로, 자연의 초능력은 당연히 언제 어디서든 정말 큰 재난을 막아 준다. 물론 생태계 서비스가 제대로 지속적으로 이루어진다면 말이다. 그렇게만 되면 액션히어로들의 도움은 다행히도 필요 없을 것이다.

　예를 들어 자연은 물이 너무 많을 때와 너무 적을 때 닥치는 위험들로부터 우리를 보호해 준다. 이런 위험은 현재 기후변화로 점점 더 잦아지고 있고 서로 다른 시기에 여기저기서 나타나고 있다.

생물 다양성과 기후변화는 서로 아주 밀접한 관계에 있다. 생태계 파괴로 이산화탄소의 중요한 저장고가 사라지고 이것이 기후변화를 촉진한다. 기후변화는 기온 상승, 해수면 상승, 종간 공생 관계의 교란을 불러와 다시 생물 다양성의 파괴를 촉진하면서 악순환이 계속된다.

기후변화가 이미 되돌릴 수 없게 된 상태라고 해도 생물 다양성과 살아 있는 생태계는 종종 인간을 위해 그 여파를 완화해 준다. 무엇보다, 달라진 기상 조건이 부르는 극단적인 날씨, 즉 홍수, 폭풍, 산사태 같은 자연재해의 위험을 줄여 준다. 그 외에도 인간이 살아가는 데 꼭 필요한 자원인 물과 비옥한 토지가 사라지는 위험도 줄여 준다.

'동기화'가 해제되었습니다

점점 높아지는 온도, 달라지는 계절 주기는 기후변화의 결과들이다. 이런 변화는 식물과 곤충과 어류에 비해, 스스로 체온을 조절할 수 있는 조류와 포유류에게 그 영향이 덜한 편이다. 하지만 바로 그렇기 때문에, 서로 잘 조율되어 있던 자연적 과정들이 조금씩 어긋나는 **비동기화**를 초래할 수밖에 없다.

예를 들어, 올라간 수면 온도 때문에 발트해에 사는 청어의 알이 매년 봄에 점점 더 빨리 부화한다. 하지만 그렇게 이른 봄에는 청어가 주로 먹는 동물성 플랑크톤이 아직 충분하지 못하므로 어린 청어들이 굶어 죽고 따라서 전체 청어의 수도 줄어든다.

물과 비옥한 토지의 부족으로 매년 크나큰 피해가 일어나고 고향을 떠날 수밖에 없는 사람들이 늘어나고 있다. 세계기상기구(WMO)에 따르면 1970~2012년 매년 평균 약 4만 5,000명이 폭서, 홍수, 회오리 돌풍 등 극단적인 날씨로 사망했다. 그리고 많은 지역에서 물 부족과 지속 불가능한 경작으로 인해 토양의 질이 떨어지면서, 삶이 단지 불편해지는 것을 넘어 불가능해지고 있다.

이런 위협에 대한 일반적인 대책으로는 (1)강 상류에 댐을 건설하는 것처럼 돈만 많이 들지 문제는 해결하지 못하는 기술적인 방법, (2)늦었지만 나중에라도 재정적 피해를 보상해 주는 보험, (3)최악의 고통을 조금이라도 줄여 보려는 재난 구호 정도가 있다. 하지만 이런 대책들보다는 자연이 우리를 보호할 수 있도록 그냥 조금 물러서 주는 것이 훨씬 더 효율적인 방법임을 우리는 아직 잘 모르고 있는 것 같다. 자연은 자신이 할 수 있는 일이라면 대체로 최고로 잘하며 그 대가로 돈을 요구하지도 않는다!

홍수의 천연 완충장치, 습지

자연의 힘은 인간의 삶과 생명에 늘 위협을 가해 왔고 인간은 자연재해를 방지하거나 피하려고 부단히 노력해 왔다. 하지만 절대 쉽지는 않았는데 왜냐하면 강과 바다는 인간이 늘 그 주변에 모여 살아야만 하는 생명줄과도 같기 때문이다. 이 생명줄들은 안타깝게도 옛날부터 자연의 힘이 유난히 강하게 발산되는, 특히나 역동적인 터전이었다.

최근에 우리는 물과 관련된 재난이 세계적으로 잦아졌을 뿐만 아니라 강도도 강해졌음을 목격하고 있는데, 이것은 생물 다양성의 상실과 생각보다 매우 깊은 관계가 있다. 기온이 상승하고 기후의 양상이 변하면서 극단적인 기상 상황(우기의 축소 또는 장기화, 엄청난 악천후)이 잦아졌다. 마을, 도시, 해안 가릴 것 없이 홍수, 범람, 폭풍, 산사태가 잦아지고 있다. 어디 먼 나라 이야기가 아니고 당장 우리 집 앞에서 벌어질 수 있는 일이다. 북해만 봐도 2030년까지 해일의 높이가 지금보다 10~30cm 더 높아질 것이라고 한다. 심지어 2100년에는 30~110cm까지도 높아질 것으로 보고 있다. 2020년 봄, 폭풍 '자비네'Sabine 때 이미 북해의 섬 모래사장들이 죄다 점토로 변한 바 있고 이때 함부르크 엘베강 다리 위 S-반● 입구까지 물이 찼었다. 그러므로 해일로 수위가 110cm까지 올라가면 어떤 일이 일어날지 현재로선 상상도 하기 어렵다.

세계적인 전망이라고 더 밝을 리 없다. 세계자원연구소(WRI)는 강의 범람으로 타격을 받는 사람의 수가 2010년 6,500만 명에

● 　도시 통근 철도의 일종으로, 특히 독일과 오스트리아에서 일반화되어 있다.

서 2030년 1억 3,200만 명으로 늘어날 것이며, 바닷물의 범람으로 타격을 받는 사람의 수도 같은 시기 700만 명에서 1,500만 명으로 늘어날 것으로 예측했다.

인간이 자연을 침범할 때 어떻게 자연의 힘이 자연재해로 바뀌는지에 대한 논의가 너무 부족하다. 안타깝게도 과거에 우리는 여러 가지 이유로 홍수와 범람을 줄여 줄 수 있는 바로 그런 생태계만 골라 대대적으로 공격했고 지금도 그렇다. 그렇게 자연이 보호 기능을 점점 더 잃게 되었으므로 기후변화로 인한 기후 문제들이 점점 더 심각해지는 것이다.

보호 기능을 하는 생태계 가운데 온대 지방에서 볼 수 있는 전형적인 예로 저지대 **습지**가 있다. 습지는 강을 따라 자연스럽게 생성되는 범람 지대이다. 습지는 숲처럼(4장 참조) 폭우 혹은 거센 물살이 일어날 때 어느 정도 물을 받아들인 다음, 나중에 천천히 배출한다. 따라서 범람이 있을 때마다 비옥한 땅이 다시 만들어진다. 물이 차고 빠지는 것이 반복되므로 습지에는 다양한 서식지의 현란한 모자이크가 생겨나고 자연 풍광도 그만큼 다양해진다.

이것은 물론 동식물종이 풍성해진다는 뜻이기도 하다. 중부 유럽에서는 모든 동식물종의 약 3분의 2가 전체 면적의 약 7%밖에 안 되는 습지에 모여 산다. 습지는 어류, 양서류, 곤충이 모여 함께 자라는 탁아소이자 생태 정화 장치이며 위험한 범람을 막아 주는 천연 완충 장치이다. 물론 비싼 기술적 계획이나 투자 같은 인간의 손이 전혀 뻗치지 않아도(아마도 바로 그렇기 때문에) 그렇다는 것이다. 습지는 그런 의미에서 꿈의 생태계이다.

하지만 (이제는 놀랍지도 않게) 이런 습지도 위험에 처해 있다. 예전부터 강가를 따라 모여 살기 시작한 인간은 습지를 운송로로 이용했고 그 물을 생활수로 써 왔으며 그 비옥한 땅을 농경지로 개발해 왔다. 인구 증가로 주거지에 대한 요구가 커졌고 동시에 뱃길과 농지에 대한 요구도 변화했다. 그 결과, 강의 흐름이 점점 더 일직선이 되었고 강과 육지 사이에 제방이 생겼으며 땅이 말라 갔고 댐이 세워졌고 공사로 인해 강바닥이 건축 자재용 모래와 자갈로 덮였다. 이 모든 것이 습지의 모습을 대대적으로 바꾸어 놓았다.

독일연방자연보호청은 2009년 습지 현황 보고서에서 독일 내 강들 주변의 습지에 대해, 큰 홍수가 난다면 이전의 강 주변 범람지 중 약 3분의 1만이 물을 제대로 저장할 수 있는 상태라고 설명했다.

너무 빨리 돌아오는 백 년

백 년 만의 홍수100-year flood란 통계학적으로 백 년에 한 번 도달하거나 넘을 수 있는 수위의 홍수를 뜻한다. 하지만 기후변화와 인간의 습지 개발 탓에 이제는 백 년 만의 홍수가 점점 더 자주 일어나고 있다. 엘베강만 해도 최근에 '백 년 만의 홍수'가 2002년, 2006년, 2013년, 이렇게 세 번이나 있었다. 이렇게 극단적인 홍수가 잦아짐

> 에 따라 백 년 만의 홍수의 경계선도 통계학적으로 더 올라가게 되
> 었다. 하지만 수치만 바뀌었을 뿐 그렇다고 백 년 만의 홍수가 잦아
> 진 상태까지 바뀐 것은 아니다.

라인강, 엘베강, 도나우강, 오데르강은 홍수 방지 제방 공사로 많은 구간에서 이전의 습지 중 단 10~20%만 살아남았다. 이런 습지 개발 또한 기후변화를 촉진한다. 습지는 탄소를 저장하는데, 습지를 메워 버리면 탄소가 산소와 반응해 이산화탄소가 되어 공기 중으로 흩어지기 때문이다.

습지가 사라짐에 따라 중요한 범람 지역도 사라질 뿐 아니라 강줄기가 곧게 정비되면서 강물이 더 빨리 흐르게 된다. 습지가 사라져서 머뭇거릴 이유가 없어진 데다가 직선 도로가 되니 더욱 더 빨리 흐르게 되는 것이다. 그 정도로 거친 물이 다양한 경로에서 동시에 흘러와 모이게 되면 이제는 더 이상 '백 년 만의 홍수'라고 할 수도 없는 홍수 사태에 더 자주 맞닥뜨리게 될 것이다.

그러나 더 높은 댐을 건설하는 것으로 홍수와 범람을 막아 보려는 시도는 문제를 강 하구로 밀어 보내는 것뿐이므로 거기에서 더 큰 홍수가 일어난다. TEEB의 보고서에 따르면 엘베강과 도나우강 집수 구역에서 2002년에 일어난 홍수만으로도 약 110억 유로의 경제적 손실이 있었다. 당시 37만 명 이상의 수재민이 발생했고 21명이 사망했다. 2013년 홍수도 거의 70억 유로에 달하는

피해를 냈다.[1]

그러므로 홍수 대비는 이제 보험 회사들의 문제를 넘어서 연방 정부의 문제가 되었다. 2017년 1월 1일, 향후 몇십 년 동안의 일종의 습지 개발 행동 방침이라 할 수 있는 '국토 파란띠'Blaues Band Deutschland 프로그램이 의결되었다. 이 프로그램에 따르면 2035년까지 독일 연방 수로에 접해 있는 습지들 15%가 고유의 자연적 기능을 되찾을 것으로 보인다. 게다가 곁가지 수로들도 2050년까지 여러 나라에 걸쳐 자연 서식 구간으로 연결될 것이다. 이것은 모두 지금의 훼손된 습지들이 다시 좀 더 자연에 가까운 모습으로 바뀔 것이라는 뜻이다. 이 프로그램이 제대로 실행된다면 곧 다시 살아날 생물 다양성이 우리를 홍수로부터 보호해 줄 것이다.

허리케인과 쓰나미에도 강한 맹그로브

열대 해안 지방에서는 **맹그로브**가 습지와 유사한 기능을 한다. 맹그로브는 조수 간만의 차가 있는 열대 해안 지방의 상록수와 관목으로 이루어진 숲 생태계를 일컫는다. 이곳의 식물들은 소금 농도가 매우 높고 수위의 변동이 극단적인 환경에서도 잘 살도록 진화했다. 어떤 나무들은 추가로 버팀뿌리를 뻗어 거친 파도를 버텨 내고, 또 어떤 나무들은 공기 중에 노출된 호흡뿌리로 잦은 범람 탓에 산소가 부족한 환경에서도 산소를 충분히 비축한다. 이곳 식물들의 씨앗은 어미 식물에게서 이미 싹을 틔우고 그 싹이 충분히 커지면 떨어져 그 아래 모래에 묻혀 자란다. 맹그로브는 그

맹그로브 내 식물의 기근(공기 중에 노출된 뿌리)

렇게 땅속으로부터 자손을 키우며 뿌리 층을 두텁게 하면서 해수면 상승에 어느 정도 적응할 수 있다.

　뿌리를 키우는 이런 특별한 기술 덕분에 맹그로브는 많은 연체동물, 갑각류, 어류와 곤충은 물론, 물새와 파충류의 정착지가 되고 있다. 천혜의 맹그로브 숲이 가진 종의 풍성함은 그곳에 정착한 인간들에게도 기본적인 영양을 보장한다.

　게다가 맹그로브는 육지의 숲보다 3~5배 더 많은 이산화탄소를 저장하므로 기후변화도 막아 준다. 맹그로브의 아주 중요한 생태계 서비스 중에는 폭풍이나 심지어 쓰나미 발생 시에 해안을 보호하는 기능도 있다. 연구에 따르면 100m 길이의 맹그로브라

맹그로브에서 사는 해양 생물들

면 폭풍이 만들어 내는 해안가 파도의 높이를 13~66%까지 내릴 수 있고 500m 길이의 맹그로브라면 심지어 50~100%까지 잠재울 수 있다. 2017년에 미국 플로리다 해안을 강타했던 허리케인 어마ʳᵐᵃ와 관련한 태풍방지법 연구들에 따르면, 맹그로브가 당시 15억 상당의 물질적 피해를 막고 62만 6,000명을 재난의 위험에서 보호해 주었다. 2004년 동남아시아 쓰나미 사태 때에도 가장 피해가 심했던 곳은 맹그로브가 없던 곳이었다. 맹그로브 숲이 없다면 세계적으로 매년 1,800만 명이 추가로 범람의 피해를 볼 것이며, 주거 및 산업 건물 피해 복구에 570억 달러 이상이 더 들어갈 거라고 한다. 그렇다면 무료로 인간을 보호해 주고 먹을 것까지 주는 생태계를, 돈이 많이 들고 먹을 것도 주지 않는 인공 댐보다 무조건 더 선호해야 할 것이다. 그렇지 않은가?

당신은 당연히 그렇다고 하겠지만 이 사실을 명심하는 사람은 그다지 많지 않은 것 같다. 유엔의 「밀레니엄 생태계 평가」에 따르면 1985~2005년 많은 지역에서 약 35%의 맹그로브가 사라졌고, 심지어 80%까지 사라진 지역도 적지 않다(맹그로브 현황에 대한 자료가 있는 나라들만 참고한 것이므로 당시 세계 맹그로브 분포 지역 전체의 약 54%에 대한 자료이다).

맹그로브가 논, 양식장, 혹은 항구로 바뀌고 땔감으로 이용된 후에야 우리는 맹그로브가 그동안 얼마나 중요한 서비스를 제공해 주었는지 분명히 보게 되었다. 현재 맹그로브의 가장 큰 적은 새우 집중 양식이다. 아니, 새우를 길러 먹는 것이 자연의 찬장 속에서 그냥 꺼내 먹는 것보다 자연을 더 잘 이용하는 것이라는 잘못된 인식이다. 새우 양식은 맹그로브 지역에서 가장 넓게 퍼져 있지만 동시에 지속 가능성이 매우 작은 연안 경제 산업이다. 모든 집단 사육이 그렇듯이 산업 농축 사료와 항생제가 쓰이는데 이것들이 곧장, 혹은 새우 분비물을 통해 바닷물로 흘러들어간다. 그 결과, 항생제 저항성이 강한 새우로 '품종 개량' 하는 것도 모자라 바다에 죽은 구역들까지 만들어 낸다. 새우들이 미처 먹지 못한 사료들이 바닷속에서 분해되어야 하는데 그 분해 과정에서 산소가 대거 사용되므로 바닷물이 탁해진다. 결국 항생제 사용에도 불구하고 새우들에게 전염병이 돌고 몇 년 안에 양식장은 문

발리의 집중 새우 양식 지대

을 닫아 그 지역은 척박한 상태로 남는다.

새우 양식은 동남아시아에서 특히 중요한 경제 요인이다. 그리고 **'미래를 위한 맹그로브 프로젝트'**Mangroves for Future를 보면 새우 양식도 충분히 지속 가능함을 알 수 있다. 이 프로젝트에 따르면 새우는 천연 맹그로브 물속에서 물을 정화하는 가재, 게 같은 다른 해양 동물들과 충분히 함께 자랄 수 있다. 맹그로브 자연환경은 영양도 풍부하고 질병도 방지해 주므로 추가 먹이나 항생제도 필요 없다. 이미 주어진 자연환경에서 사육하므로 투자 비용이 적고, 따라서 다 자란 새우를 거두어들이는 데 추가 노동력이 들어가더라도 이런 식의 광범위한 경영 방식이 집약적인 방식보다 분명 더 유리하다. 한마디로 투자, 먹이, 약, 화학물질을 덜 쓸수록 돈도 더 많이 벌고 종의 다양성도 좋아지고 맹그로브 숲도 더 보호할 수 있다. 자연보호가 이렇게 간단할 수도 있다! 새우, 관자 등을 좋아하는 사람이라면 자연보호 인증을 받은 상품을 사는 것으로 이런 프로젝트를 후원할 수 있다.

위기의 산호초 유토피아

그런데 '과도한 물'로부터 우리를 보호해 주는 열대의 생태계가 맹그로브 말고도 또 있다. 바로 **산호초** 말이다. 산호는 자포동물(폴립)로서, 현미경으로나 보이는 미세 조류藻類와 탄산칼슘을 품고 있다.* 산호에게 자기 빛깔을 빌려준 이 조류들은 산호의 표면에서 산호의 보호를 받은 채 살고 산호가 '호흡'으로 만들어 내는 이산화탄소를 이용해 광합성을 한다. 그렇게 만들어 내는 설탕과 산소를 다시 산호가 이용하므로 둘은 완벽한 공생 관계라고 할 수 있다. 수많은 바다 생물이 산호초 근처를 안전한 집으로 삼고 생활한다. 산호초는 지구 전체 바나의 0.1%에 불과한 매우 작은 지역에 분포하고 있지만 다양한 생태계를 만들고 해양 생물의 4분의 1에게 집을 제공한다. 산호초는 긴 먹이사슬의 토대이자 많은 어린 어류의 탁아소이므로 산호초가 없다면 어류 재고량이 극도로 줄어들 것이다. 만약 그렇게 된다면 해안 거주민들에게는 먹거리, 건강, 삶의 기반 등 모든 것과 관련해 큰 위협이 아닐 수 없다.

● 　산호는 보이는 것과 달리 동물이며, 산호초는 산호의 골격과 분비물인 탄산칼슘이 쌓여 만들어진 암초이다. 산호초와 대비해 산호를 산호충이라고 부르기도 한다.

폭풍이 몰아칠 때 거친 파도를 진정시키는 산호초 지대

게다가 전체 산호초의 약 30%는 관광 산업에도 매우 유용하므로 산호초로 벌어들이는 관광 수입이 주 수입처인 지역에서는 특히 그 의미가 크다.

산호초는 해안 지대와 그곳에 사는 사람들에게 물리적으로도 꼭 필요한 보호 장치이다. 그 구조상 파도의 움직임을 97%까지 흡수하며 폭풍과 해안 침식을 방지하기 때문이다. 세계 인구 2억 명 이상이 현재 산호초의 보호 속에서 (아직은) 살고 있고 특히 작은 섬나라 사람들이 그렇다.

그럼 당연히 우리는 산호초를 보호할 것이다! 아닌가? 사실 산호초 지역은 현재 지구상에서 가장 위험에 처한 생태계이다.

「밀레니엄 생태계 평가」는 2005년 이미 전체 산호초의 20% 이상이 파괴되었고 매우 위험한 상태에 처한 산호초도 20%에 달한다고 보았다. 그리고 그때 이후로 지금까지 상황은 더 나빠졌다. 스위스 세계자연기금(WWF)은 심지어 현재 세계 산호초의 4분의 3이 심각하게 위협받고 있다고 말한다. 산호초에게 가장 큰 위협은 기후변화이다. 해수면의 기온이 올라감에 따라 늘어난 이산화탄소로 바다가 오염되고 있다. 산호초는 수면 온도 25~30℃ 정도의 깨끗하고 투명한 물을 필요로 한다. 수면 온도가 이것보다 더 따뜻해지면 산호초는 공생 조류를 토해 낸다. 늘어난 광합성이 산소 중독을 일으키기 때문이다. 그 결과, 산호는 색을 잃고 기나긴 굶주림이 시작된다. 이것을 우리는 산호 백화현상coral bleaching이라고 한다. 오스트레일리아의 유명한 그레이트배리어리프 지역에서도 1998년 이미 백화현상이 일어나기 시작했다. 그 이후 2002년, 2016년, 2017년에도 일어났는데 그중 최악은 해수면 온도가 31℃까지 올라갔던 2020년이었다.

공기 중 이산화탄소 농도가 올라가는 것도 산호초에게는 큰 문제이다. 바닷속으로 더 많은 이산화탄소가 분해되어 들어가 수소이온농도를 떨어뜨리며 바다를 오염시키기 때문이다. 석회화하며 자라지 못하는 산호초는 천천히 재생할 수도 있지만 '산성 목욕'에 녹아 영원히 사라질 수도 있다. 유엔 산하 '기후변화에 관한 정부 간 협의체'(IPCC)의 최신 보고에 따르면, 열대의 바다에 보호 암초들을 대거 제공하며 따뜻한 물에서 살아가는 산호초는 차가운 물에 사는 산호초와 달리 해수면 온도 1.5℃ 상승에도 매우 치명적인 영향을 받는다.

여기에 더해 항만 시설 설립, 간척지 개발, 무분별한 잠수 활동, 해저를 불도저같이 갈아 놓는 저인망 어업 등도 산호초를 심각하게 파괴한다. 미세 플라스틱 문제도 절대 작지 않다. 산호초는 미세 플라스틱 입자를 먹잇감으로 생각하고 듬뿍 흡수해 병든다. 미세 플라스틱은 영양소는 거의 없고 병원체와 중금속만 운반한다.

물론 사라진 산호초 대신 인위적인 방파제를 만들 수도 있다. 하지만 일단 방파제는 만들고 유지하고 관리하는 데 돈이 많이 들고 산호초 생태계의 많은 귀중한 서비스 중 오직 하나만 대체할 뿐이다.

습지든 맹그로브든 산호초든 애초부터 자연 생태계를 보호하는 것이, 다 사라지게 한 뒤에 어렵게, 기껏해야 이류밖에 안 되는 기술로 대체하는 것보다 훨씬 더 현명할 것이다.

물 부족으로 고향을 떠나는 사람들

습지, 맹그로브, 산호초는 물이 너무 많을 때 우리를 보호해 준다. 그런데 비가 오지 않아 오랫동안 건조하고 메마를 때는 무엇이 우리를 보호해 줄까?

우리가 생각했던 것과 달리 물 부족은 이제 더 이상 아프리카나 지중해 연안처럼 전통적으로 비가 적은 지역에 국한된 문제가 아니다. 2018년과 2019년 여름, 우리는 강수 양상의 변화가 온대 지역에도 큰 스트레스를 불러온다는 사실을 두 눈으로 확인한 바 있다. 폭서, 높은 화재 위험, 해충 공격을 대대적으로 받을 만큼 약해진 숲, 농산물 수확량 감소, 화물선 운항이 중지될 정도로 낮아진 강물 수위… 바로 우리 곁에서 벌어진 일들이다.

인간에 의한 기후변화 탓에 점점 더 자주 일어날 가뭄은 생물 다양성이 줄어들고 생태계가 파괴될 때 특히 더 빠르게 재난으로 돌변할 것이다. 자연적으로 땅을 덮어 주던 식물들이 이제는 세계 어디서든 도시, 기간산업, '벌거벗은' 단일경작지에 의해 밀려나고 있으므로 땅에 떨어지는 빗물이 점점 더 빨리 갈 길을 찾게 된다. 이것들이 지하수나 강과 호수가 아니라 하수구와 수도관 속으로 흘러들어가 자연적인 물의 흐름을 대대적으로 바꿔 놓았다. 아직 경제적 여유가 있는 사람이라면 관개 시설을 이용해 막대한 양의 물을 끌어오는 것으로 단일경작지를 유지할 것이다. 하지만 관개 시설의 물도 사방의 천연 저수지들로부터 나오는데 이 저수지들도 자꾸 마르게 되므로 결국 위급 상황에 필요한 물조차 더 이상 얻을 수 없게 될 것이다.

중부 유럽의 경우, 물 부족과 몇 차례 수확량 감소로 인한 여파를 어느 정도는 완화할 수 있었고 아직까지는 '단지' 비용이 올라가는 정도에 머무르고 있다. 하지만 다른 나라들에서는 생명을 위협하는 문제라서 사람들이 고향을 떠나는 사태에 이르기도 한다.

보험 회사도 정부도 해 줄 수 없는

기상 변화로 인한 재해 탓에 고향에서 더 이상 살지 못하게 된 사람이 2017년 한 해만 1,800만 명에 달했다(홍수 실향민 860만 명, 폭풍 실향민 750만 명, 가뭄 실향민 130만 명, 숲과 관목림 화재 실향민 51만 8,000명, 산사태 실향민 3만 8,000명, 극단적 기온 실향민 4,500명).[2] 조국에 머물면서 조만간 다시 고향으로 돌아갈 수 있느냐, 아니면 고향에서 점점 더 멀어지느냐는 재난 후에 얼마나 빨리 강수량이 정상화되고 비슷한 재난이 앞으로 얼마나 더 자주 있을 것인지에 달려 있다. 두 경우 모두 생태계가 살아 있다면 좋은 소식을 전해 줄 수 있을 것이다. 그러므로 우리는 무엇보다 생태계를 보호해야 한다. 그렇지 않으면 미래가 불안할 수밖에 없다.

환경문제로 인한 위험이라면 보험 회사들은 이미 더 이상 보상금을 지급하지 않는다. 정부 차원의 재난 구호나 식량 공급 프로그램을 영원히 돌릴 수도 없으므로 이것도 답이 될 수 없다. 자연 생태계를 적극적으로 보존하는 것이 위험을 줄이는 데 비용 면에서 더 효율적이다.

동시에 자연 생태계의 보존은 기후변화, 생물 다양성 유지, 건강, 식량 공급처 확보, 지역적 가치 창출, 사회적 안정 면에서 긍정적인 부수 효과까지 부른다. 다행히 생태계의 이런 가치를 인식하고 이른바 **'생태계를 기반으로 하는 재난 위험 경감'**(EcoDRR) 개념을 이해하여, 지속 가능한 경영과 생태계의 재건 및 유지를 중점 개발 전략 및 위험 관리 전략으로 삼는 의사 결정자가 지역적·세계적으로 점점 더 늘어나고 있다.

아이티의 포르살뤼Port-Salut는 인간과 생태계가 서로 보호하는 것이 얼마나 영리한 작전인지를 보여 주는 한 예이다. 세계 곳곳에서 국제자연보전연맹, 유엔환경계획(UNEP), 독일재건은행(KfW) 등, 환경과 재건을 기치로 삼는 기관들이 현재 EcoDRR 프로젝트를 재정적으로 후원함은 물론, 그 실행과 파트너 연결에도 적극적으로 나서고 있다.

특히 '군소 도서 개발국'(SIDS)들은 기후변화에 적응하기 위해 해안을 보호해 주는 산호초와 맹그로브에 크게 의존하고 있다. 생태계를 보호하며 지속 가능한 방식으로 경영하지 않는다면 더 이상 승산이 없음을 인식하는 사람들이 다행히도 많아지고 있는 것이다. 다만 이런 인식이 실행으로까지 이어지는 길이 너무 길지 않기를 바란다!

산과 바다의 재난을 동시에 막다

아이티 남서쪽 포르살뤼 주민 공동체가 이룬 성과는 '전방위적인 재해 방지 프로젝트'의 성공적인 사례라고 할 수 있다. 2013~2016년, 아이티 정부와 유럽연합과 유엔환경계획의 후원으로 이 지역 주민들은 EcoDRR 프로그램을 시작했다.

바다와 산맥 양쪽 모두에 거주하는 포르살뤼 주민들에게는 기후변화 때문에 점점 늘어나는 폭풍 상황만 위험한 게 아니었다. 더 이상

해안에서 멀리 떨어진 곳에서 쓸 수 있는 낚시 도구들

통제할 수 없는 낙뢰 등으로 인해 산악 지대에서도 토양침식과 산사태의 위험이 커져만 갔다. 이 두 가지 큰 위험에 대처하기 위해 맹그로브 관목림과 교목과 과실수를 심는 대대적인 조림造林 프로그램이 시작되었다. 한편으로는 폭풍 때 해안을 보호하고 다른 한편으로는 산사태 때 육지를 보호하기 위해서였다.

먼저 종묘 재배원을 설립했고 200가구나 되는 회원들이 열심히 조림 지대를 관리하고 경영했다. 동시에 어부들은 환경친화적인 교육을 받았고 해안에서 먼 곳에서도 고기를 잡을 수 있는 더 나은 도구들을 받았다. 그 덕분에 주로 해안에 모여 있는 어류 부화 장소들이 잘 보호될 수 있었다.

결과적으로 이 프로그램은 재난 방지는 물론이고 지역 주민의 식

량 공급처 확보에도 도움이 되었다.

같이 좀 삽시다

- 생물 다양성과 도시

이제 우리와 아주 가까운 곳에 있는 서식지에 대해 말해 보려 한다. 좁게 보면 이 서식지는 바람과 불편한 날씨를 피하고 적 혹은 동종의 인간에게서 벗어나게 해 주는 피난처이다. 바로 우리가 사는 집이다. 하지만 크게 보면 이 서식지는 우리가 함께 살아가는 사회적 구조이기도 한데, 바로 우리의 '도시'이다. 어느덧 세계 인구의 50% 이상이 이 구조 안에서 살아가고 있다.

2050년까지 세계 인구의 거의 70%가 도시에서 살게 될 거라고 한다. 그러므로 도시가 인간이라는 종이 모여 사는 데 매우 선호되는 형태라고 말해도 무방할 것 같다. 그래도 왜 그런지 한번 따져 보자. 도시가 그 정도로 참 아름다워서? 최소한 천만 명 이상이 다닥다닥 붙어 사는 세계 대도시들의 주거 환경을 생각해 보면 그건 아닌 것 같다. 아무렴, 절대 아니다. 사실 우리는 도시가 살아남기에 적합하므로, 아니 적합해 보이므로 도시로 모여든다.

도시로의 대거 이주 현상은 현재 특히 남반구 나라들에서 두드러지게 나타난다. 대단위 농업의 확산, 농업의 산업화, 기후변화는 물론이고 보조금을 받아 생산되는 다른 나라의 농산물 문제까지 겹치다 보니 많은 나라에서 더 이상 소소한 농사로는 살아남기가 불가능해진 데다 농촌에서는 어디 취직할 곳도 없고 중요한 기반 시설도 대개 부족하다. 이런 사람들에게 남아 있는 길은 도시로 향하는 것뿐이다. 도시에서는 생계가 좀 나아지기를 바라며. 여기서 잠깐 짚고 갈 문제. 생물 다양성과 생태계만 살아 있다면 사실 농촌에서의 삶이 오히려 더 지속 가능하다. 최소한 도시에서 서로 붙어 살며 일어나는 수많은 갈등과 문제만큼은 분명 덜할 것이다.

공업 국가들에서도 도시는 커졌고 지금도 커지고 있다. 여기서도 도시가 더 좋은 일자리, 더 좋은 학교, 더 좋은 문화 등등, 더나은 삶을 약속하기 때문이다. 이런 경향이 선진국에서는 조금씩 끝나 가고 있지만, 신흥 경제 국가 혹은 개발도상국에서는 여전히 기세등등하다. 예측이 정확하다면 2050년까지 세계적으로 매주 약 140만 명이 도시로 이주할 거라고 한다. 동시에 거의 모든 도시 환경에서 약 30억 인구가 중산층으로 부상할 예정이다. 이것은 도시의 생태발자국Ecological Footprint●에 큰 영향을 줄 두 요소가 아닐 수 없다.

● 인간의 삶에 필요한 자원을 그 생산과 폐기에 드는 땅 면적으로 환산한 지수를 말하며, 그 면적이 넓을수록 환경문제가 심각하다는 뜻이다.

도시에는 집이 있고 일자리가 있으며 거기서 번 돈으로 우리는 생활에 필요한 것(혹은 필요하다 생각하는 것)을 살 수 있다. 도시는 인간에 의해 인간을 위해 만들어졌고 인간에 의해 지배되는 생태계이다. 그런데 이 인간에 의한 생태계도 '자연적인' 생태계 없이는 결코 존재할 수 없다. 도시에서도 우리는 자연 생태계가 제공하는 서비스에 의존하기 때문이다. 주말에 즐기는 자연으로의 나들이나 퇴근 후 공원 산책 같은 것이 힐링에 얼마나 좋은지는 차치하더라도 자연 생태계는 도시의 물과 이산화탄소를 정화해 저장하고 공기를 맑게 하고 기온을 조절하며 극단적인 날씨 상황을 막아 준다. 가장 중요한 것들만 말해도 이 정도이다. 하지만 도시에는 생태계의 바로 이런 기능들과 도시의 존재 자체에 기초가 되는 생물 다양성을 파괴하려는 잠재성도 늘 내재해 있다.

모든 것이 방수 상태!

우리의 도시들은 계속 더 커지고 더 포장될 것이므로 녹지도 유휴지도 점점 줄어들 것이다. 도시의 땅은 건물이 들어서 있는 곳은 물론이고 건물이 없는 곳도 대부분 아스팔트, 콘크리트, 혹은 돌로 덮여 있다. 게다가 땅 아래도 지하 공간, 지하철, 하수도, 전기 배관, 창고 등으로 개발되어 있다. 이렇게 공기와 물이 전혀 흡수될 수 없게 덮여 있는 땅을 우리는 '포장되었다'고 한다.

독일 땅의 6% 이상이 포장되어 있다. 94%나 '콘크리트'가 아니라니 뭐, 나쁜 것 같지 않다. 하지만 주거 공간과 교통 공간만 보면 벌써 45%나 포장된 상태이다. 이것도 그런대로 괜찮은 것 같은가? 두더지가 땅을 파기 위해 몇 미터쯤 더 가야 한다고 뭐 그리 큰 문제가 될까?

그렇게 간단한 문제가 아니다. 땅의 포장은 단지 땅 파기를 즐기는 몇몇 동물의 갈 길을 번거롭게 하는 데에 그치지 않는다. 도시에 콘크리트가 깔리면 빗물이 땅에 천천히 스며들지 못하고, 몇십 년이나 심지어 몇백 년 전에 계획적으로 건설되었으며 현대에는 대체로 무능한 하수도로 곧장 흘러들어간다. 만약에 폭우가 내리면 결과적으로 하수도 물이 역류하고 지하철 입구에 물이 차며 지하 주차장에 차들이 둥둥 떠다닌다. 하수도가 제대로 기능한다고 해도 하수도로 흘러들어간 물을 비싼 비용과 복잡한 기술로 정화해야 한다.

도시의 슈퍼히어로, 지렁이

지렁이는 우리의 일상을 지켜 주는 진정한 영웅이고, 우리가 땅을 포장만 하지 않으면 도시에서도 잘 살 수 있다. 지렁이는 나뭇잎들을 열심히 삼켜서 균류, 박테리아, 흙과 섞은 뒤에 비옥한 흙으로 다시 배설하기 때문에 농부와 정원사들의 진정한 파트너이다. 그렇다면 도시인과는 상관없지 않느냐고 물을지도 모르겠다. 지렁이는 땅에 열심히 구멍을 파기 때문에 폭우에도 빗물이 잘 빠져나가게 한다. 그러므로 홍수 때 도시 사람들을 보호할 수 있다. 독일에 그런데 돈이 들지 않는 자연적 물 흡수 및 정화 장치가 있다.
앞 장에서도 살펴본 식물들과 땅 말이다. 식물과 나무의 뿌리가
빽빽이 들어차 있고 지렁이들이 많이 사는 자연 그대로의 땅은
그 자체로 좋은 자연 '배수망'으로, 시간당 물을 150L까지 흡수한
뒤에[1] 여러 번 정화해 깨끗한 지하수로 만든다. 땅을 포장하면 자
연의 이런 서비스를 우리는 어쩔 수 없이 포기해야 한다.

폭우 때 도시 배수망의 부담을 덜어 주고 동시에 식수까지 확
보하려면 건강한 식물군과 다양한 동물들이 살아 있는, 포장되지
않은 땅이 더 많이 필요하다. 시에서 운영하는 공원과 작은 숲, 사
유지 건물 앞뒤의 뜰, 도로 갓길 혹은 도로 사이의 녹지대 등이 이
런 땅들이다. 식물이 자라는 지붕이나 옥상도 강우량을 40%에서
90%까지 흡수하며 물을 천천히 흐르게 한다.

뉴욕의 그린 필터

뉴욕시는 (2012년 폭풍 '샌디'로 큰 홍수를 겪은 뒤에 홍수 대비 방안을 절박하게 찾
고 있음에도 불구하고) 도시 내 포장도로로 인한 문제를 아직 해결하지
못하고 있다. 하지만 깨끗한 식수를 공급하는 문제라면 자연을 보

호하는 방향으로 잘 나아가고 있다. 뉴욕시는 90%가 넘는 식수를 약 200km 떨어진 캐츠킬산맥으로부터 직접 끌어다 쓰고 있다. 환경보호 단체들의 조사에 따르면, 캐츠킬산맥 생태계라는 천연 정화 시스템이 없다면 100억 달러가 넘는 정수 처리 시설이 필요하며 이 시설을 운영하기 위해 또 매년 1억 달러가 들어간다. 그러므로 40만 헥타르의 캐츠킬산맥이라는 큰 집수 구역을 보존하는 것이 훨씬 더 저렴한 방식이며 이것은 동시에 뉴욕주의 생물 다양성에도 큰 은총이 아닐 수 없다. 자연 속에서 마음껏 힐링할 수 있음은 더 말할 것도 없고 말이다.

도시계획 입안자들은 이제 녹지화 내지는 재자연화가 비싼 하수 시설과 소모적인 정화 시설의 매우 효율적인 대안임을 점점 더 확신하고 있다. 예를 들어 함부르크에서는 2014년 이래로 옥상녹화屋上綠化 장려 정책을 펴고 있다. 베를린도 마찬가지인데 특히 빗물이 도로나 건물에서 잔디 분지로 흘러들어가 흡수될 수 있게 해 둔 구역이 많아졌다. 이런 수리水利 원칙을 실행하는 도시들 덕분에 '스펀지 시티' 개념이 생겨났다. 중국 상하이 내 자유무역 시험 특구로 현재 건설 중인 린강臨港 신도시도 스펀지 시티 중 하나이다. 린강시는 최소 70%의 빗물이 재사용되거나 자연스러운 방식으로 땅에 흡수되도록 하고 있다.

모래 채취로 사라지는 보금자리들

현대의 도시는 대체로 콘크리트로 이루어진다. 콘크리트는 간단히 말해 시멘트(석회석과 점토를 주원료로 하는 접합제), 물, 모래로 만들어진다. 그중에서 시멘트 생산에 들어가는 에너지 소모가 특히 커서 전 세계 이산화탄소 배출량의 8%를 차지한다.

하지만 물과 모래의 소비에도 문제는 많다. 거칠게 말해 1m³ 콘크리트를 만드는 데 2톤가량의 모래가 필요한데, 이것은 중간 크기의 집 한 채에 200톤, 1km의 고속도로에 3만 톤, 원자력발전소 하나에 1,200만 톤의 모래가 들어간다는 뜻이다.

"바닷가 모래알처럼 많다"라는 말도 있지만 사실 이미 지구상에 모래가 부족해진 지 오래이다. 믿을 수 없겠지만 정말로 건축에 쓸 모래가 부족하다. 유엔환경계획은 세계적으로 매년 (2014년 기준) 약 400억 톤의 모래와 자갈이 소모되고 있다고 추정했다. 이것은 적도를 빙 둘러 높이와 너비 각각 27m인 콘크리트 벽도 충분히 쌓을 수 있는 양이고, 지구상의 모든 강이 1년 동안 끌고 흘러가는 퇴적물을 다 합친 것의 두 배나 되는 양이다.[2]

모래 마피아

사막의 모래는 바람으로 인해 입자가 아주 동글동글하기 때문에, 이 모래를 접착할 수 있는 시멘트는 아직까지 세상에 없다. 그러므로 아부다비나 두바이의 고층 건물들도 아라비아의 사막이 아니라

> 호주나 인도네시아 같은 먼 곳에서 수입해 온 모래로 지은 것이다.
> 그렇다 보니 오스트레일리아나 인도네시아 같은 나라들은 지금 과
> 도한 모래 채취로 인한 심각한 문제를 안고 있다. 생태계와 해변이
> 사라지고 해류가 바뀌며 장·단기적으로 섬이 통째로 가라앉거나
> 사라지고 있는 것이다. 몇몇 아시아 국가는 이것을 알아차리고 모
> 래 수출을 금지했다. 하지만 모래 채취 사업이 줄어들기는커녕 오
> 히려 '모래 마피아'의 손으로 넘어갔다.

모래에 대한 막대한 수요 탓에 채사장이 아닌 강 하구에서의
채취도 점점 늘어나더니 이제는 바닷속 모래까지 파내며 해양의
생물 다양성을 심각하게 훼손하고 있다. 동식물의 고향이 파괴되
고 수심과 해류가 바뀌고 따라서 해안과 강가의 생태계가 손상된
다. 모래가 사라지면 모래 환경에 적응한 작은 생물들은 살 곳도
알을 품을 곳도 없게 된다. 이것은 먹이사슬의 가장 아래에 있는
생물들에게는 재난이고, 그럼 먹이사슬 위쪽의 생물들에게도 언
제 어떤 일이 일어날지 알 수 없다.

오랫동안 공공재이자 언제나 쓸 수 있는 자원으로 여겨졌던
모래가 언제부턴가 (늘 합법적이지만은 않은) 수십억짜리 사업의 수단
이 되었다. 인도네시아 정부는 지금까지 인도네시아 해안의 섬 최
대 80개가 불법 모래 채취로 사라졌다고 보고했다. 그리고 인도
의 신문《타임스 오브 인디아》에는 거의 매주 인도 모래 마피아의

무법 행위에 관한 기사가 나온다. 많은 언론인, 환경 운동가, 공무원, 경찰이 불법 모래 채취에 대항해 싸우다 목숨을 잃었다.

모래 대량 채취로 인한 생물 다양성 파괴와 인간 살해의 위험을 줄이려면 무엇보다 모래에 대한 수요를 줄여야 한다. 모래에 대한 수요를 줄이려면 여기서도 '3R'(reduce-reuse-recycle, 쓰레기를 줄이고 재사용하고 재활용하기) 원칙을 지켜야 한다. 다시 말해 지속 가능한 건물을 짓고 철거 후 남은 자재들을 다시 쓰는 일이 그 의미 있는 시작이 될 것이다. 이와 관련해 건설업 분야에서 반가운 발전들이 있었다.

콘크리트 대체물을 찾는 것도 모래의 수요를 줄이는 한 방법이다. 여기서도 자연은 다양한 자재들을 제공하는데 대체로 더 건강하고 더 싸고, 심지어 때로는 더 튼튼하며 무엇보다 더 아름다운 대체물이다. 가령 나무는 계속 자라고 내구성과 날씨 적응력이 좋으며 생산할 때도 에너지 집약도가 비교적 낮다. 게다가 $1m^3$의 나무가 살아 있는 내내 약 1톤가량의 이산화탄소를 저장한다. 나무가 건축자재로서 갖는 특징들을 보면 마치 자연의 선전용 팸플릿을 읽는 느낌이다. "안정적이면서 탄력적임. 습기를 흡수하고 다시 배출할 수 있으므로 실내 공기를 쾌적하게 함. 작은 무게로도 매우 큰 무게를 지탱할 수 있음." 각 변의 길이가 4cm인 정육면체 전나무가 4톤의 무게를 지탱할 수 있다. 나무가 콘크리트보다 무게 지탱 능력이 더 좋은 것이다!

짚은 서양에서 매우 과소평가된 건축자재 중 하나이다. 짚은 계속 얻을 수 있고 농사가 이루어지는 곳이라면 어디서든 싼값에 살 수 있으며 단열에 좋고 통기성도 좋다. 점토 반죽 후에 강하게 압착한 형태라면 심지어 '화재 예방 및 진화 조처 단계' F90(화재 시 최소 90분 동안 불이 붙지 않는 벽이라는 뜻)까지 충족하므로 일반적인 건축 표준은 당연히 충족하고도 남는다.

나무 빌딩? 짚 뭉치 집?

호호빈HoHo Wien 건물 프로젝트 개발자들도 건축자재로서 나무가 갖는 장점들에 설득당했음에 틀림없다. **84m 24층**의 호호빈은 세계에서 가장 높은 목조 가옥으로 아파트, 사무실, 호텔 등이 입주

나무로 지은 24층짜리 마천루, 호호빈

해 있다. 매우 친환경적인 데다 매우 세련된 건물이다!

그리고 '지속 가능한 건축을 위한 북독일 버덴 센터'Norddeutsche Zentrum

für Nachhaltiges Bauen in Verden도 2015년에 5층짜리 **짚 뭉치 집**을 지었

다. 불가능할 것 같지만 사실이다(그리고 아직도 건재하다).

매일매일이 파티 — 소음과 빛 공해

도시는 시끄럽고 개발 중인 도시는 더 시끄럽다. 소음은 곧 스트레스이므로, 교통이나 공사장뿐 아니라 사람이 많다는 것 자체도 큰 부담이다. 이것은 주관적인 느낌이 아니다. 소음이 발생할 때 우리 몸은 더 많은 스트레스 호르몬을 배출하고 이것이 우리 몸의 신진대사를 방해한다. 그 결과, 혈압과 맥박수를 비롯한 여러 대사 요소들에 좋지 않은 변화가 생긴다. 흥미롭게도 이런 대사의 변화는 의식하지 못하는 경우가 대부분이므로 스스로 소음에 익숙하다고 생각하는 사람이나 소음 속에서 잘 자는 사람(이것이 가능하다면)도 사실은 스트레스를 받고 있는 것이다(수면 장애도 소음 공해의 반갑지 않은 효과이다). 소음과 건강에 대한 어느 공동 연구에 따르면 성인(18~59세)의 경우, 소음에 의한 수면 장애를 겪을 때 의미심장하게도 다양한 알레르기 반응을 보일 위험이 46%, 심장 순환계 증세를 보일 위험이 45%, 고혈압 위험이 49%, 편두통 위험이 56% 더 높아진다.[3]

여기서도 자연이 도움이 된다. 빽빽하게 들어선 나무들이 도로의 소음을 삼켜 주고 넝쿨식물로 덮인 벽은 음파 반사를 줄여 주므로 번화가라면 좋은 장점이 될 수 있다. 그리고 식물로 덮인 땅도 돌과 아스팔트로 포장된 도로보다 음파를 놀랍도록 잘 삼킨다. 녹지대, 무소음 지대, 인간과 동물이 쉴 수 있는 곳을 하나씩 만들어 간다면 그만큼 도움이 될 것이다.

도로 조명과 네온사인, 새벽까지 계속되는 도시의 삶이 만들어 내는 **빛 공해**는 도시 혹은 과밀 지역에서 발생하지만 과소평가되는 문제 중 하나이다.

우리는 도시에 불빛이 많아서 하늘의 별을 볼 수 없다고 불평하지만, 더 큰 문제는 인간과 다른 동물의 휴식 시간과 생체리듬에 미치는 영향이다. 연구에 따르면 도심의 새들은 시골에 사는 같은 종의 새들보다 몇 시간 더 일찍 활동에 들어간다고 한다. 새들의 일상 리듬은 어두울 때 솔방울샘에서 분비되는 멜라토닌 호르몬이 조절하는데 이 멜라토닌이 부족해서 새들도 잠을 잘 자지 못하고 휴식을 취하지 못하는 것이다. 휴식을 취하는 동안 새들은 체온을 낮추고 대사 활동을 줄이면서 에너지 소비를 줄인다. 밤이 너무 밝으면 잠을 못 자는 새들의 에너지 소비가 늘어날 수밖에 없고 이것은 특히 겨울에 문제가 된다.[4]

인간이나 새들이나 몸이 반응하는 기본적인 과정은 비슷하다. 자, 그렇다면 모두 안녕히 주무시기를!

너무 밝아서 일찍 태어났습니다

명금류●는 대부분 낮의 길이에 따라 부화 시기도 달라진다. 부화 시기(초봄)가 다가와 민감해질 때 밤이 너무 밝으면 부화가 한 달까지 당겨질 수도 있다. 먹이가 될 곤충들이 충분해지기 전에 새끼들

●　참새아목 중에서 노래하듯 지저귀는 작은 조류의 총칭.

이 너무 일찍 태어나는 것이다.

밤에 뭣도 모르고 인공 불빛에 정신없이 몰려드는 수십억 마리 곤충들도 잊어서는 안 된다. 이 곤충들은 그느라 지쳐서 죽거나, 다른 천적의 손쉬운 먹이가 되어 죽는다. 2000년에 있었던 어느 조사에 따르면 독일에서는 여름에 가로등 하나당 매일 평균 150마리 곤충이 죽는다. 당시 기준으로 가로등이 680만 개였으니 총 10억 마리 이상이 죽어 나간 셈이다.[5] 그것도 매일 밤!

그렇다면 불을 끄는 수밖에 없다.

'핫'한 도시를 식히는 '쿨'한 식물들

도시의 온도는 건물의 기하학과 건물 표면이 열을 발산하는 방식에 따라 많이 좌우된다. 건물의 벽과 도로 표면이 낮 동안 내리쬐던 열기를 저장하고 있다가 밤에 다시 발산한다. 집 안에 바람이 들지 않는 곳은 열려 있는 복도보다 더 따뜻하거나 덥다. 도시에 건물이 밀집해 있을수록 이런 효과는 눈에 띄게 강해진다. 자연적으로 바람이 통하는 길에 자꾸 건물을 지어 대니 공기 순환이 잘 안 되고, 포장도로가 늘어나 식물이 없어지다 보니 수분 증발로 인한 냉방 효과도 좀처럼 일어나지 않는다. 거기에 자동차 배기가스, 냉난방 기기에서 나오는 열까지 추가되면 도시 내 온도가 도시 주변의 온도보다 눈에 띄게 높아진다. 독일 기상청에 따르면 맑고 바람 없는 밤에는 많은 지역에서 기온이 최대 10℃까지 상승한다. 그래서 열섬 도시라는 말이 나오는 것이다.

안 그래도 기후변화로 여름 기온이 올라가고 있는데 '10℃ 더' 올라간다고 생각하면 거의 무섭기까지 하다. 사실 정말 무서운 일이다. 열섬 도시에서는 특히 더운 여름에 심혈관 질환이나 호흡기 질환 환자들이 눈에 띄게 늘어난다. 1994년 브란덴부르크와 베를린에 폭서가 3주 동안 이어졌을 때 사망률이 예년보다 10~30% 올랐고 베를린의 몇몇 구역에서는 심지어 50%까지 올랐다.[6]

폭서와 건조한 기후가 장기화하면 당연히 동식물도 고통받게 되고 동물을 매개로 하는 병원균들이 기승을 부리게 된다.

여기서도 다시 녹지 시설이 도움이 된다. 녹지는 콘크리트나 아스팔트보다 열기를 덜 저장하고 표면 수분 증발을 통해 냉각 효과를 일으킨다. 런던에서 있었던 어느 연구는 공원과 그 주변 건물들 사이 온도 차가 3℃에서 밤에는 4℃까지 벌어짐을 증명했다.[7] 나무와 풀이 섞여 있는 녹지 시설은 작더라도 주변 구역의 온도를 낮추는데, 만약 3ha(축구장 4개 정도 크기) 정도로 크다면 주변 지역에 상당한 냉각 효과를 낼 수 있다. 도시 내 녹지 시설 관계망 확보로 도시 기후 전체에 영향을 줄 수 있다는 뜻이다.[8]

천연 에어컨

나무는 훌륭한 에어컨이다. 나무는 덥다 싶으면 이파리 표면의 미세한 틈을 열어 수분을 증발시킨다. 매일 수백 리터 물을 땀 흘리듯 내보내는 것이다. 이런 증발 서비스는 100리터당 한 시간에 70kW 전력을 소비하며 냉방하는 것이나 다름없고 이것은 일반 가정용 에어컨 두 대를 가동할 때 정도의 효력이다.[9]

수직 녹지 공간도 뜨거운 도시에 '기적의 무기'가 될 수 있다. 건물 외관 벽이 식물로 덮이면 여름에 벽이 가열되는 것을 막아 주고 이파리의 수분이 증발하면서 천연 냉각 시스템처럼 주변의 온도를 내려 준다. 겨울에는 반대로 단열 기능을 해 추위를 막아 준다. 이산화탄소를 배출하는 게 아니라 오히려 잡아 주는 소음 없는 냉난방기인 셈인데, 이런 걸 두고 영리한 해결책이라고 하는 것이다.

요즘에는 **움직이는 식물 벽**이란 것도 생겼다. 버스 정류장, 시장, 공공 건물의 대기 공간 같은 곳에 필요할 때마다 세워 둘 수 있는 벽이다. 대체로 이끼로 덮여 있는데, 이끼는 그 특유의 이파리 구조 덕분에 상대적으로 넓은 면적을 덮을 수 있다. 움직이는 식물 벽은 그늘을 만들어 주고 미세먼지를 걸러 주며 공기 중 습도를 조절해 준다. 따라서 주변 지역의 공기와 미세 환경의 질이 눈에 띄게 향상된다.

과거에는 넝쿨식물이 건물 외관 벽을 타고 자라면 대개 제거했다. 넝쿨 속에서 사는 작은 동물들이 집 안으로 대거 침투해 들

마드리드의 수직 정원

어올까 봐 걱정해서였다. 하지만 요즘은 자연과 생활공간 사이를 철저하게 구분하는 것이 바람직하지 않다고 보는 추세이다. 게다가 공간심리학 연구들에 따르면 식물은 우리 정서에도 매우 좋은 영향을 준다. 초록을 한번 보는 것만으로도 생활 만족도가 올라가고 스트레스 지수가 내려간다. 그리고 창문에 출현하는 거미들이 심지어 '짜증나는 모기'까지 막아 준다는 사실을 아는 사람도 점점 더 많아지는 것 같다.

생물 다양성을 위한 최적의 공간, 도시

이런저런 공해에다가 더 덥고 더 춥고… 도시란 참 불편한 곳인 것 같다. 안 그런가? 그런 것 같다고 생각하는 사람도 있고 그렇다고 확신하는 사람도 있을 것이다. 그렇다고 꼭 시골로 이사해야 한다는 말은 아니다. 사실 도시에서도 건강하고 바람직한 삶이 분명 가능하다. 우리의 도시를 다르게 (그러니까 더 좋게) 개조하기만 하면 여기서도 안전하게 잘 살 수 있다. 이 개조를 위한 공식은 당연히 녹색 도시이다. 녹색 도시를 조성해야 생물 다양성을 지킬수 있고 그래야 생물 다양성도 우리를 도울 수 있다.

우리가 사는 도시는 뜻밖에도 종의 다양성을 구축하기에는 더할 수 없이 좋은 곳이다. 사실 산업용 혹은 농업용으로만 이용되는 도시 주변의 단조로운 시골과 달리 도시에는 미건축 부지, 공원, 건물 앞 정원, 쇠퇴한 산업 건물 등 생물 공간이 여전히 다양하게 남아 있다. 더구나 사냥 압박이 적거나 거의 없으므로 상대적으로 종의 다양성이 좋아질 수밖에 없다. 아직은 말이다. 현재 많은 도시에서 미건축 부지들이 대거 사라지고 녹지대와 공터 등에도 건물들이 들어서는가 하면 건물들이 계속 더 높아지고 있으니 앞으로는 두고 볼 일이다. 한정적인 땅을 '효율적으로' 사용하려다 보니 건물들로 '빽빽해지고' 그만큼 도시 외곽은 발전이 거의 정지되다시피 한다. 그런데도 도시의 땅은 계속 포장되고 공터들도 사라지며 그 결과로 새와 곤충, 파충류가 어울려 살아갈 '자연발생적 야생의 식물군'을 위한 공간도 사라진다.

녹지대를 필요로 하는 것은 인간도 마찬가지다. 필라델피아에서 이루어진 어느 연구에 따르면 작게라도 나무와 풀로 이루어진 공간이 있다면 거주인들이 우울증에 덜 걸린다고 한다.[10]

당신도 주위를 돌아보면 알겠지만, 우리의 도시는 지금 다양한 동식물종을 매우 필요로 한다. 그렇다면 이 도시에서 다른 모든 동식물종과 함께 행복하게 살려면 어떻게 해야 할까?

도시에 사는 벌이 더 유리한 이유

잽싸게 날아다니는 도시의 벌들이 괜히 훌륭한 꿀 생산자로 사랑을 받는 게 아니다. 도시 벌들은 식물원, 화단, 옥상 등등에서 거의 일 년 내내 종류도 다양한 꽃 선물을 받는다. 게다가 이 꽃들에는 살충제도 뿌려져 있지 않다. 그러므로 도시의 벌들이 농촌의 친척들보다 더 잘 살고 더 좋은 꿀을 더 많이 생산해 내는 것도 당연하다.

옥상, 지붕, 벽, 땅을 연결하는 **녹색 지대 네트워크** 조성은 생물 다양성을 위한 가장 효율적인 도시계획 중 하나가 될 것이다. 하지만 조심해야 할 것은 있다. 녹색 지대라고 다 생물 다양성을 부르는 것은 아니다. 도시 내 공원들만 봐도 종과 서식지의 다양성을 조금도 제공하지 못하는 형태 일색인 경우가 많다. 생물 다양성을 위해서는 토착 식물종을 새로 심는 것이 좋은데, 그래야 토착 동물군의 서식지가 생겨나기 때문이다. 또한 녹지대는 넓을수록 좋다. 작은 녹색 지대라도 층층이 연결될 수 있다. 녹지화한 벽과 옥상, 혹은 지붕은 새와 곤충이 이 서식지에서 저 서식지로 옮겨 갈 때 중간 징검다리로도 유용하다.

녹색 지대는 비싸다? ─ 그린 젠트리피케이션

도시 내 녹색 지대를 우리가 얼마나 좋아하는지는 재자연화 조치가 이루어진 곳 주변의 부동산 가격이 얼마나 올라가는지만 봐도 알 수 있다.

그렇다면 생물 다양성이 좋아지는 곳에는 반드시 젠트리피케이션gentrification● 현상이 일어나야 할까? 꼭 그럴 필요는 없다. 도시가 전반적으로 충분히 녹지화되면 사실 그럴 일도 없다. 귀하지 않으면 비싸질 일도 없으니까 말이다.

2050년까지 지구 인구의 70% 이상이 도시에서 살게 될 거라는 전망을 다시 한번 생각해 볼 때, 도시라는 서식지를 생태학적인 안목으로 재조성하는 것이 얼마나 중요한지 깨닫게 된다. 미래의 도시계획은 '인간과 자연 사이 선 긋기'를 그만두고 자연과 함께할 때 진정으로 잘 살 수 있음을 알고, 그에 따라 집과 빌딩과 구역 들을 조성하는 식이어야 할 것이다.

● 　도심 인근의 낙후 지역이 발전하면서 임대료가 상승하고, 원래 살고 있던 주민들이 밀려나는 현상.

뉴욕 첼시 지구의 하이라인. 버려진 기차선로가 있던 곳을 공원으로 조성하면서
부동산 가격이 치솟았다.

기후변화 문제가 대두된 이래, 다행히도 여러 도시 행정부와
단체들이 정치적인 영향력을 행사하며 혁신적인 방안들을 많이
제시해 왔다. 도시들은 서로 정보를 교환하고 연합하면서 상황을
주도하는데, 이것이 때로는 그 상위의 국가 정부를 능가하기도 한
다. 파리기후변화협정을 지키지 않겠다는 당시 대통령의 결정에
반대했던 미국의 수많은 시민들만 봐도 그렇다. 우리는 도시 중심
의 이런 활동이 생물 다양성과 생태계를 보호하는 데 긍정적으로
작용할 것을 희망하며, 또 그럴 것이라고 낙관하고 있다.

우리, 나무 심게 해 주세요

파리는 1km²당 거의 2만 2,000명이 거주하므로 세계에서 인구밀

독일 에센에 위치한 자연과 인간의 주거 공동체 훈데트르바서하우스

도가 가장 높은 지역에 속할 뿐만 아니라 매년 약 5,000만 여행자

들이 들르는 곳이기도 하다. 반면, 거리에 나무는 겨우 10만 그루

정도라서 독일 슈투트가르트 내 나무 수 정도밖에 되지 않는다. 이

에 더 많은 초록을 보고 싶다는 파리지앵들의 긴급한 바람을 이루

어 주기 위해 파리시는 생물 다양성을 위한 프로그램을 하나 계획

해 냈다. 그리고 그 프로그램에 따라 파리 시민들에게 '나무나 식물

을 심을 수 있는 허가증'을 나눠 줬다. 그 결과, 가로수들 아래나 도

로 중간의 안전지대, 인도 가장자리 등에 식물들이 자라기 시작했

고 다양한 텃밭 프로젝트들이 생겨났다.

진짜 정원 가꾸기

다행히 도시라고 해서 모두 대형 콘크리트 아파트에서만 사는 것은 아니다. 앞뒤로 정원이 있는 집들도 많다. 그런데 여기서도 정원이라고 해서 다 생물 다양성이 좋은 것은 아니다. '편안한 관리'를 바라는 마음에 포석과 자갈이 들어오고 '잡초'와 '해충'들은 나간다. 페이스북, 인스타그램 등에 '공포의 정원'Gärten des Grauens 을 검색해 보면 자연과는 거리가 멀고 비애까지 느껴지는데 서로서로 비싼 값을 부르는, 이른바 '현대 정원 조성 예술'이라고 하는 신선하고 기이한 사진들을 보게 될 것이다.

생물 다양성에 가까운 정원을 조성하고 싶다면 이른바 '현대의 정원'을 조성하는 사람들이 하는 일을 반대로만 하면 된다. 다음과 같이 말이다.

땅은 포장하지 않는다. 비를 흡수하는 땅이라면 지하수를 채우

돈은 많이 들고 녹지대의 기능은 없는 회색 정원들

고 홍수를 방지하므로 무조건 좋다.

새가 둥지를 틀 곳, 동물이 은신할 곳을 염두에 두고 정원을 조성한다. 흔히 세우곤 하는 정원 울타리를 토착 관목이나 덤불로 대체하면 좋다. 이런 식물들은 많은 야생동물에게 먹이와 둥지와 은신처를 제공한다. 가을에 떨어지는 낙엽이나 나뭇가지 또한, 고슴도치 같은 큰 동물은 물론 유익한 곤충들에게도 완벽한 은신처를 제공한다.

낙엽 청소기나 송풍기는 쓰지 않는다. 함부르크 동물보호협회는 이런 기계들이 어떤 작용을 하는지 다음과 같이 잘 요약해 주었다. "가을 낙엽은 땅을 추위와 메마름으로부터 보호하고 소중한 부식토를 만들어 준다. 이런 낙엽을 송풍기로 날려 버리는 것은 사상균 같은 곰팡이와 병원균을 늘릴 뿐 아니라 작은 동물들에게 중요한 기본 영양소와 둥지도 파괴하며 심지어 다치게 하거나 죽게 할 수도 있다." 참고로 이것은 독일 연방 자연보호법 제44조 1~3항에 나오는 금지 요건을 어기는 것이기도 하다. 게다가 이런 기계들은 에너지 소모도 크고 소음 공해도 대단하므로 동물들만 괴롭히고 죽이는 것이 아니라 인간 동료들도 괴롭히는 것이다.

토착 식물들을 골고루 섞어 심는다. 정원에 관해서라면 가능한 한 그 지역 식물로 최대한 다양하게 심는 것이 언제나 철칙이다. 그럼 꽃이 피는 시기도 가능한 길게 늘일 수 있다. 그리고 꽃이라고 해서 다 같은 꽃은 아니다. 예를 들어 더블플라워(이중 꽃잎 꽃)는 매우 아름답지만 (단지 미학적 이유에서 그렇게 품종개량된 것으로) 곤충들을 현혹할 뿐 화밀 혹은 화분을 전혀 생산하지 못하므로 벌, 파리 등등에게 쓸모가 없고 사실상 '과대 포장' 같은 존재들이다. 나비와 벌은 꽃이 피는 허브와 야생화를 더 좋아한다.

그냥 내버려 둔다. 정원을 너무 자주 다듬고 정리하는 것도 꽃이 자연스럽게 피고 지는 것을 방해하며 정교한 서식 공간 형성을 막는다. 밤에 잔디 깎기 로봇이 돌아가게 한다면 고슴도치 사냥꾼을 파견하는 것이나 마찬가지이고 자꾸 땅을 파헤치다 보면 땅속 탄소가 공기 중의 산소와 반응해 이산화탄소로 더 많이 배출된다. 그러므로 정원 일은 되도록 덜 하는 것이 좋다!

떴다, 인간!
– 생물 다양성과 여행

인간은 지구상에 가장 넓게 분포해 있는 '큰 동물'일 뿐만 아니라 가장 많이 돌아다니는 동물이기도 하다. 우리는 다양한 이유로 짧거나 긴 여행을 떠난다. 또 여행 끝에 멀고 먼 타향에 아예 정착하기도 한다.

그런데 생물 다양성이 살아 있어 숨 막힐 듯 아름다운 곳을 보고 싶어서 여행하는 사람은 많아도, 그곳이 그렇게 아름답고 정신을 맑게 해 주는 것이 자연이 우리에게 오늘도 열심히 제공하는 서비스 덕임을 아는 사람은 그리 많지 않은 것 같다. 심지어 모기조차 우리의 휴가에 간접적으로 일조한다. 모기가 있는 곳이라면 대체로 아름다운 곳이다. 모기가 있어서가 아니라 모기가 있다면 (아프리카 열대 초원의 국립공원처럼) 우리가 기꺼이 보고 싶어 하는 다른 많은 동물이 있을 테고, (스웨덴 북부처럼) 물도 많을 테니까 말이다. 동물이 많은 곳이든 물이 많은 곳이든 그곳의 모기는 긴 먹이슬 혹은 복잡한 영양 네트워크의 맨 아래에 위치하며 우리가 기꺼이 보고 싶어 하는 조류와 포유류를 먹여 살리고 유실수의 수분까지 책임진다.

여행도 생물 다양성이 살아 있어야 즐길 수 있다. 우리가 멀리 떠나는 이유 중 하나가 다양한 서식지, 생태계, 자연 풍광, 기후, 동식물군이 보고 싶어서이기도 하니까 말이다. 그리고 즐거움을 위해서든 직업상·가정상 이유에서든 여행지에서도 우리는 언제나 자연에 의존할 수밖에 없다. 자연은 먹을 것과 깨끗한 물을 비롯해 우리가 필요로 하는 모든 것을 제공해 주고 물 피해로부터 우리를 지켜 준다.

휴가객의 식수까지 책임지는 숲

바덴해 국립공원에 속하는, 독일 북부 슐레스비히홀슈타인주 북프리슬란트제도의 섬 암룸Amrum에는 약 2,300명이 살고 있다. 이들은 지하의 담수 렌즈●에서 식수를 끌어와 쓰고 있는데, 매년 그 섬을 방문하는 15만 명 휴가객들도 이 식수를 함께 쓴다. 2018년 7월에는 하루 만에 이 섬에서 230만 리터의 물이 소비되었다. 암룸에 빗물 저장·정화·정수와 다른 여러 보호 작용을 하는 숲이 없다면 언젠가는 말라 버릴 식수이다. 배를 통해 물을 섬으로 날라야 한

●   염수 위에 떠 있는 렌즈 형태의 담수 지하수.

다면 도저히 지금처럼 많은 휴가객을 받을 수 없다. 그러므로 이 섬의 200ha에 달하는 숲에 감사해야 한다. 게다가 이 숲은 땅 침식, 모래 사구의 이동으로부터 섬을 보호하고 주민과 휴양객에게 휴양 서비스까지 제공한다.

하지만 여기서 충격적인 것은 여행자가 사실은 거의 돌아다니는 '생물 다양성 파괴자'라는 것이다. 그리고 유감스럽게도 특히 아름다운 곳만 골라서 파괴한다. 다시 말하지만 우리는 정말 아름다운 곳만 골라서 망가뜨리는 경향이 있다. 이 딜레마를 한번 살펴보자.

'생물 다양성 파괴 여행' 패키지

인간은 호기심이 많고 예로부터 늘 새 지평을 찾아다녔다. 태평양의 외떨어진 섬이라도 이미 5,000년 전부터 사람이 살았다. 어쩌다 난파되어 그곳에 정착한 것이 아니라 새 땅을 개척하겠다 결심하고 전 재산을 배에 싣고 떠나온 사람들이었다. 현대에도 사람들은 호기심 때문에, 혹은 새로운 것을 보고 싶어서 여행한다. 학자들의 연구 여행 혹은 과학 여행도 기본적으로 호기심 때문이다. 그 외 대다수는 직업상 하는 여행이거나 친지를 방문하는 여행이다.

무엇 때문에 여행하든 생물 다양성에 미치는 영향은 모두 똑

생물 다양성과 여행

같다. 사람이 여행을 하기 위해서는 목적지에 도달하는 데(자전거, 자동차, 기차, 배, 비행기 등), 그리고 그 목적지에서 체류하는 데(호텔, 리조트, 캠핑장 등) 여러 사회 기반 시설이 필요하다. 이런 기반 시설을 제공하려면 땅이 필요하고 서식지를 조각낼 수밖에 없다. 따라서 자원 고갈과 기후변화에 일조하게 된다.

국제 관광 산업은 두 가지 점에서 특히 생물 다양성에 큰 영향을 미친다. 첫째, 국제 관광 산업은 세계적으로 큰 경제 분야일 뿐만 아니라 가장 빠르게 성장 중인 분야이다. 2018년 통계를 보면 해외여행이 14억 건이나 되어 전년 대비 6% 성장으로 최고 기록을 세웠다. 2018년 세계인은 그 어느 때보다 많이 해외여행을 즐겼다. 코로나로 이런 성장 추세에 일시적으로 제동이 걸렸지만 '코로나 위기'를 극복하고 나면 모르긴 몰라도 다시 시작될 것이다. 관광 산업은 늘 새로운 여행지를 찾아낼 테고 늘 더 많은 사람을 인기 휴양지로 데려가기 위해 노력할 것이다.

두 번째 점은 특히 양가감정이 공존하는 문제인데, 바로 많은 여행자가 특별히 사람의 손길이 닿지 않은 자연으로 들어가 희귀 동물들을 바로 옆에서 보며 체험하고 싶어 한다는 점이다. 여행자들은 대체로 자연이 아직 훼손되지 않아서 (훼손하지 않으려면) 매우 조심해야 하는 곳으로 가고 싶어 한다.

이 때문에 매우 예민한 생태계 한가운데에 이른바 천혜의 자연을 경험하게 하는 여행자 시설들이 들어서는 부조리한 상황이 빈번히 발생한다. 자연 체험도 좋지만 일단 사람들의 발길이 닿기 시작하면 수상 스포츠 상품도 생겨나고 편안하게 수영을 즐길 수 있는 시설도 생겨난다. 그렇게 뻥 뚫린 해변을 만들려면 맹그로브나 해초밭을 파괴해야 하고, 산호초가 있는 곳에 선착장을 만들어야 하며, 바다거북이 사는 곳 바로 옆에 바다 전망의 호텔들을 지어야 한다. 그럼 여행객들이 몰리고, 그럼 생태계 교란은 더 심해진다. 생활하수, 쓰레기, 여행객들을 태우며 들락날락하는 배의 모터에서 유출되는 기름, 산호초에 아무렇게나 던지는 닻 모두 해안 생태계를 파괴한다. 해변의 호텔들이 내뿜는 불빛이 집을 찾는 바다거북을 방해해 결과적으로 거북들이 좀처럼 부화에 성공하지 못한다. 인간은 동물을 못살게 괴롭히는 것에 그치지 않고 야생동물(특히 영장류)에 병원균을 옮기기까지 한다. 인간에게는 간단한 감기라도 다른 영장류에는 사망 선고가 될 수 있다. 우리 인간에게 사스 혹은 코로나 바이러스가 그러하듯, 우리가 옮기는 병원체가 그들의 면역 체계에는 너무 새로운 것이기 때문이다.

그리고 휴가객들은 보통 몰려다닌다. 호주 그레이트배리어리프는 매년 180만 휴가객을 맞는데, 이들 중 85%가 그곳의 13만 거주자들과 함께 두 지역에만 몰려 있다. 이 세계 최대 산호초 지대에 바다 수영객들이 매년 남기고 가는 자외선 차단제가 1만 4,000t에 달하고, 모래사장에서 사용했던 깔개 등에 쓸려 사라져 가는 모래의 양도 상당해 문제가 아닐 수 없다. 이탈리아 사르데냐섬에서는 심지어 개인들이 갖고 오는 일반 깔개를 엄격하게 금지하고 어길 시 벌금을 부과하고 있다.[1]

물놀이를 하고 나면 배가 고프게 마련인데 바닷가이므로 당연히 해산물이 먹고 싶을 것이다. 그것도 푸짐하게 먹고 싶을 테니 지역 주민들은 과도한 고기잡이에 나설 수밖에 없다. 고래를 보고 싶어 하는 여행객들이 많이 찾는 아이슬란드에서는 실제로 고래 고기를 먹는 여행객들도 있다. 그런데 해산물이라면 동네에서도 웬만한 건 다 먹을 수 있으므로, 예를 들어 북해의 질트섬에 있는 해산물 레스토랑은 섬에서 수천 킬로미터 떨어진 먼바다 혹은 강에서 잡힌 어류와 다른 해산물을 대량으로 서비스한다. 독일의 경우, 이 해산물들은 대개 독일 최대 규모의 '어항'이라는 프랑크푸르트 공항으로 들어온다.

인간의 미각 충족을 위해 자연에 부담을 주는 이런 행태는 사실 기이하기까지 한데 어쩌면 다음과 같이 설명할 수 있을 것 같다. 집에서는 주로 영양분을 섭취한다는 생각으로 그저 그런 음식들만 먹지만 휴가 동안에는 음식 섭취도 하나의 특별한 경험이다. 휴양지 분위기와 선크림 향기만큼이나, 상다리가 부러질 만큼 차려 주는 뷔페 음식을 양껏 먹는 것도 휴가의 일부인 것이다. 하지만 '어디 한번 실컷 먹고 마셔 보자'는 '남으면 그냥 버려'와 같은 말이다. 실제로 휴양지에서는 음식물 쓰레기가 전체 쓰레기의 대부분을 차지하고, 남은 음식물 처리가 호텔 및 리조트 관계자들에게 가장 큰 골칫거리이다. 그렇게 버려진 음식들도 다 어디선가 잡히고 생산되고 배달되고 요리된 것들이므로 당연히 생물 다양성에 좋을 게 없다.

쓰레기통에 버려지는 70년

바닷가재Homarus gammarus는 잘하면 70년 이상 살 수 있고 사는 동안 젊음도 유지한다. 우리 인간과 달리 바닷가재는 늙지 않는데, 그 비밀은 텔로머레이스telomerase라는 효소에 있다. 이 효소가 텔로미어telomere라는 염색체 말단을 늘 새롭게 만들어 준다. 인간의 세포는 분열할 때마다 텔로미어가 짧아지다가, 너무 짧아지면 더 이상 분열하지 않게 된다. 그럼 늙어서 죽는 것이다. 우리 몸에서 텔로머레이스는 계속 자체 분열하는 골수세포나 암세포에서만 발견된다. 그러니까 괜히 희망을 품지는 말자. 우리 몸의 텔로머레이스는 영원한 삶을 선물하지 못한다. 오히려 우리 몸에서 빈번히 발생하는 돌연변이 세포도 텔로머레이스 덕분에 자꾸자꾸 불어나다가 암으로 발전할 수 있으므로, 이 효소는 단지 암 발병률만 높일 뿐이다. 바닷가재는 이 문제를 잘 해결했다. 어떻게? 안타깝게도 우리는 아직 그 비밀을 모른다. 우리가 화려한 뷔페를 위해 바닷가재들을 다 잡아먹고 심지어 다 먹지도 못해 쓰레기통에 버린다면 그 '영원한 젊음'의 수수께끼를 풀 일은 더더욱 없을 것이다.

바다에서 먼 곳, 즉 산에서도 (대단위) 관광 산업은 환경문제를 일으킨다. 산속 오두막과 스키 활주로를 위해 산이 개간되고 연약한 지피식물地被植物들이 뭉개진다. 알프스산맥을 방문하는 여행객이 일 년에 1억 2,000만 명에 달한다. 유럽의 또 다른 고산지대까지 합치면 방문객의 숫자는 거의 1억 7,300만 명(2010년 기준)이다. 알프스산맥만 봐도 3,000km나 되는 스키 활주로가 안 그래도 다치기 쉬운 산악 생태계를 더 강하게 압박하고 있다. 생물 밀도가 높고 예민한 생태계임을 고려할 때 지나친 개발임에 틀림없다.

여행이 끝나 갈 즈음, 희귀하거나 지나치게 많이 잡혀서 멸종위기에 처한 동식물의 모형을 기념품으로 사면서 우리는 '생물 다양성 파괴 여행'을 완벽하게 마무리한다.

이쯤 되면 당신은 여행할 기분이 싹 달아날지도 모르겠다. 하지만 여행이 꼭 이렇게 문제가 될 필요는 없다. 이것들은 단지 여행 산업이 방종에 가까울 정도로 생각 없이 커지기만 할 때 생겨나는 문제들이다. 여기서 핵심은 여행 자체를 전부 나쁘게 보자는 것이 아니라 여행이라는 이 중요한 산업 영역을 지속 가능한 행태로 바꾸자는 것이다. 야생과 그 속의 인상적인 동물들을 오늘 한 번만이 아니라 미래에도 거듭 찾아가 보고 경이로움을 느끼고 싶다면 말이다.

의식 있게 제대로 조직된 관광 여행 산업이라면 오히려 생태계 혹은 종들을 위한 일차적인 보호망 역할을 하기도 한다. 예를 들어 여행자들은 그 존재 자체로 밀렵을 방지하므로 사냥터 관리인 역할을 대체할 수도 있다. 이것은 비극적이게도 코로나 팬데믹이 직접 증명한 사실이다.

2020년 봄, 세계적으로 코로나 봉쇄가 시행됐을 때 남아프리카공화국에서는 여행객들이 사라졌고 그 여파로 코뿔소 밀렵이 극적으로 늘어났다. 케냐와 탄자니아에서도 여행객이 오지 않아 사냥터에 관리인을 둘 돈이 부족해 밀렵이 늘어났고 그 외에 많은 지역에서도 마찬가지였다. 관광 산업 종사자들이 줄어든 수입을 밀렵으로 보충하려 했기 때문일 수도 있고 단지 사냥터에 관리인이 사라졌기 때문일 수도 있다. 정확한 이유는 팬데믹 이후 조사를 해 봐야 알 수 있을 것이다.

관광 산업이 생물 다양성을 위해 할 수 있는 일

사람들이 하는 여행의 약 20%는 자연으로 들어가는 여행이고 무엇보다 특별한 풍광과 동식물을 경험하기 위한 것이다. 동물원에서 볼 수 없는 산악고릴라, 대왕고래, 혹은 누의 이동을 보고 싶은 사람이라면 열대우림, 아프리카 사바나, 혹은 먼바다로 '떠나야만' 한다. 사막, 사바나, 우림, 협곡, 산맥 같은 특별한 생태계도 그곳으로 가야만 볼 수 있다.

여가 스포츠와 자연보호가 공존할 수 있을까

독일 바이에른주의 베르히테스가덴 국립공원 관계자들은 야외 여가 스포츠와 자연보호가 얼마나 잘 양립할 수 있는지 증명했다. 국립공원 관계자들과 독일 패러-행글라이딩협회가 이곳 베르히테스가덴에서 검독수리 보호를 위한 자발적인 협약을 맺은 것이다. 검독수리의 부화 장소들을 보호구역으로 정해 그곳으로는 인간들이 날아가지 않기로 했고 혹시 마주치게 될 때의 행동 규칙도 정했다. 덧붙여 국립공원이 지정한 패러글라이더들은 검독수리와 관련한 중요한 자료 수집 활동에도 동참한다. 이렇게 야외 여가 스포츠로도 자연보호에 적극 이바지할 수 있다.

생물 다양성은 매우 매력적이어서 자연이 살아 있는 곳은 여행객을 자석처럼 끌어당긴다. 여행 레저 전문 매거진《콩데 나스트 트래블러Condé Nast Traveller》가 선정한 '세상에서 가장 아름다운 50곳' 중 49곳이 자연경관이다.[2] 그런 면에서 생물 다양성은 곧 경제 발전의 동력이다. 2015년 전 세계의 자연보호 구역을 방문한 사람(일반 여행자 포함)은 약 80억 명에 달한다. 이들이 6,000억 달러 정도의 수입을 낳았다고 추정하는데, 같은 해에 세계 각국의 자연보호 관련 부처와 기관 들이 자연보호 구역에 투자한 돈이 약 100억 달러인 것을 감안하면 투자한 금액의 약 60배를 벌어들인 것이다!

미국에서는 '자연-생태계 탐방 여행'이 몇 년째 여행지를 결정하는 데 가장 중요한 다섯 요소에 들어가며 아프리카 대륙을 방문하는 사람의 80%가 야생동물을 관찰하는 것이 여행 목적이라고 신고했다. 인도에서도 국립공원을 방문하는 여행객 중 60% 이상이 마지막 남은 벵골호랑이를(그리고 마찬가지로 흥미진진한 다른 동물들을) 볼 수 있을 것 같아서라고 목적을 밝혔다.

섬의 수익이 섬에 남도록

춤베Chumbe는 면적이 0.25km²밖에 되지 않는 탄자니아 해안의 작은 섬이다. 오랫동안 군사 봉쇄 구역이었으므로 이곳을 찾는 사람도 여행자 시설도 없었다. 1991년 춤베섬과 그 앞바다에 있는 천연 그대로의 산호초가 비영리 목적의 사유지 보호구역으로 바뀌면서 아주 조심스럽게 여행객들을 받기 시작했다. 방갈로 단 일곱 채가 철저하게 지속 가능한 방식으로 지어졌다. 전기는 태양열로 충당하며 식수를 위해서는 빗물을 받아 정수하는 정교한 시설을 고안해 냈다. 퇴비 화장실을 설치해 물 소비를 줄이는 것은 물론, 쓰고 버리는 물이 산호초 속으로 흘러들어가지 않게 했다.

이 섬 운영자들의 목적은 자연보호에 긍정적인 효과를 주는 지속

춤베섬의 산호초 공원

가능한 관광 사업 모델을 만드는 것이었다. 자신의 노동력과 거래로 얻어 낸 수익이 곧장 자신에게 돌아오므로 경제적으로 지속 가능하고 모범이 되면서도 그리 어렵지 않은 모델 말이다. 덕분에 이 섬에서 나는 수익은 이 섬에 남는다!

고래, 고릴라, 호랑이 등이 이토록 애정의 대상이 되는 것은 '카리스마 있는' 이 포유류들이 각 서식지 내 생물 다양성을 보장하기 때문이기도 하다. 이 동물들은 모두 넓은 순찰 구역을 갖고 있고 그 구역은 다른 유기체들에게도 서식지를 제공한다. 호랑이, 사자, 북극곰은 이른바 최상위 포식자이다. 이들은 긴 먹이사슬의 맨 위에 위치하고 먹이사슬은 이 최상위 포식자들에 의해 안정된다. 먹이사슬 꼭대기에 있는 이들이 사라지면 그 아래쪽 흐름이 전체적으로 망가지기 때문이다. 예를 들어 북대서양 대구를 과도하게 잡았을 때처럼(3장 참조) 작은 포식자들이 많아지면서 문제가 생길 수 있다.

한 종이 사라졌다는 것은 '단지' 어떤 존재들을 잃었다는 뜻만이 아니라 이미 파괴가 진행 중에 있다는 표시이며 동시에 예측할 수 없는 변화가 이미 시작되었음을 말해 준다. 그러므로 앞으로도 계속 아름다운 자연을 여행하며 살고 싶다면 영리한 여행 콘셉트를 만들어야 할 것이다!

안정을 보장하는 최상위 포식자 북극곰

내 여행 가방 속에 누군가 있다?

여행 가방 속에는 늘 뜻밖의 동행자가 있을 수 있다. 그 동행자가
도착 지점에서 외래종으로 받아들여지느냐, 토종으로 받아들여
지느냐는 '여행 시점'에 달렸다. 콜럼버스가 '신세계'에 발을 들여
놓았던 1492년은 정말 아무 근거 없이 '표준연도'라는 자격을 얻
었다. 1492년 이후 자신의 원래 서식지를 떠난 유기체는 동물이든
식물이든 모두 외래종이라 표기되었다. 독일에 현존하는 종의 약
1%(800종)가 외래종이다. 히말라야물봉선 혹은 아메리카너구리속
처럼 (장식용 식물이나 사냥감 용도로) 의도적으로 들여온 종이 대부분이
다. 어쩌다 들어온 종으로는 비행기 '불법 승차자'로 들어온 일본숲

모기, 선박의 평형수 안에 있다가 들어온 중국 참게 등이 있다. 이런 종들이 기존의 토착종들을 밀어낼 때 우리는 이들을 '침략종'이라고 부른다. 유럽연합에는 66개 침략종이 있고 그중 독일에는 동물종 13개, 식물종 11개가 정착한 상태이다(2019년 기준).

이 새로운 시민들을 어떻게 해야 할지에 대해서는 전문가들의 의견이 엇갈린다. '박멸하자'는 사람들도 있다. 갈색나무뱀*Boiga*

의도적으로 들여온 히말라야물봉선

비행기 '불법 승차자'로 들어온 갈색나무뱀

*irregularis*은 매우 공격적인 종이라 괌에서는 토착 조류를 12종이나 멸종시켰고, 고압 전봇대 위에서 쉬기를 선호해 합선 및 전기 설비 고장 문제를 일으켰으며, 이 문제를 해결하는 데 매년 450만 달러에 해당하는 비용이 들어간다고 하니 이런 주장도 이해할 만은 하다.

하지만 또 다른 전문가들은 '박멸할 필요가 없다'고 말한다. 박멸하는 데 드는 돈과 그 전문 지식을 다른 데(그러니까 자연보호에) 써야 한다는 생각이다. 이쪽 전문가들은 나아가 새로 들어온 종들이 미래에는 도움이 될지도 모른다고 본다. 생물 다양성이 부족해지면서 심하게 바뀐 환경에 자연이 적응하는 데 도움이 될 수도 있다는 것이다.

전문가들의 논쟁이야 어떻든 우리는 일단 우리 여행 가방부터 잘 살피자. 이것도 생물 다양성과 종의 다양성을 보존하는 방법이고 무엇보다 인류를 보호하는 방법이니까 말이다.

세상을 돌리는 힘
- 생물 다양성과 에너지

공장이 돌아가려면 에너지가 필요하다. 우리 몸의 모든 세포, 아침마다 우리를 깨워 주는 알람 시계, 우리가 이메일을 확인하는 노트북, 추울 때 이용하는 난방 시설에도 에너지가 필요하고, 수많은 기술로 세계경제를 돌아가게 하는 데에도 에너지가 필요하다. 그리고 매년 우리는 점점 더 많은 에너지를 소비하고 있다.

2018년 세계 인구가 쓴 에너지가 1만 4,301Mtoe°으로 최고 기록을 세웠다. 이 기록은 2010년 기록의 두 배로, 가파른 성장세를 보이고 있다. 국제에너지기구(IEA)에 따르면 이런 급격한 증가율은 지구상에서 냉방을 하는 나라가 매년 더 많아지고 있기 때문이다. 이는 기후변화의 영향인데, 이로 인해 냉방 시설들이 대기 중 이산화탄소 수치를 높이고 이것이 지구를 더 뜨겁게 달구

● 석유 1t, 즉 1,000kg을 연소할 때 발생하는 에너지가 1toe(석유환산톤)이며, 1Mtoe(석유환산메가톤)은 100만 석유환산톤이다.

면서 또다시 기후변화를 악화하는 악순환에 빠져든다.

사람만이 아니라 살아 있는 유기체는 모두 에너지가 필요하다. 신진대사 과정이 있어야 살아 있다는 뜻인데, 이 신진대사가 일어나려면 에너지가 필요하기 때문이다. 따라서 미생물과 동식물은 에너지를 얻고 전환하고 저장하는 정교한 과정들을 개발해냈고, 우리 인간은 그 혜택을 갖가지 방식으로 누리고 있다.

향유고래 한 마리가 지닌 어마어마한 에너지

세계경제의 대표 윤활제로 석유가 출현하기 전 오랫동안 인간은 동물 기름을 다양하게 사용해 왔다. 예를 들어 1850년 전후 미국만 봐도 4,000만 리터에 달하는 고래기름을 수입했다. 램프 기름과 윤활제로 쓰기 위해서였다. 고래기름은 니트로글리세린 제조에도 꼭 필요했으므로 1차 세계대전 때 군사적으로도 중요한 역할을 했다.* 이미 멸종한 큰바다쇠오리Pinguinus impennis나 여행비둘기Ectopistes migratorius 같은 동물도 값싼 연료로 이용되었다.

2012년 향유고래 한 마리가 벨기에 해안가에 떠밀려왔을 때, 사람들은 그 짐승의 썩은 고기를 그냥 처리하지 않고 에너지로 활용하기로 했다. 어쨌든 25t이나 나가는 그 동물은 몸의 절반이 기름으로 이루어져 있었으므로 5만 킬로와트시, 즉 열네 가구가 일 년 동

● 니트로글리세린은 다이너마이트의 주재료이다.

안 충분히 쓸 수 있을 정도의 전기 소비량만큼 바이오 연료를 얻을 수 있었다.[1]

모든 존재의 시작, 태양에너지

지구의 거의 모든 유기물의 기초는 태양에너지이다. 먼저 식물들이 물과 이산화탄소와 함께 태양을 이용해 **광합성**을 하며 탄수화물을 만들어 내고 산소를 내보낸다.

식물은 광합성으로 자가 영양을 하는데 이 말은 간단한 분자 몇 개로 복잡한 유기 조직을 만들어 낼 수 있다는 뜻이다. 이것은 인간이 지금까지도 기술로 온전히 모방할 수 없는 대단한 능력이다(9장 참조). 그런데 아주 드물지만 빛이 없이도 유기물을 만들어 내는 단세포생물도 있기는 있다. 이것을 우리는 화학 합성이라고 하는데 심해에서나 가능하다. 지구 표면에서는 광합성 없이는 거의 아무 생물도 살아갈 수 없고 따지고 보면 결국 인간도 그렇다.

지구 표면에는 적어도 태양 빛만큼은 넘쳐 나므로 식물들은 지구에 쏟아지는 태양에너지를 가능한 최대로 받아들이는 쪽으로 진화하지 않았다. 그러므로 광합성의 에너지 효율이 매우 낮은 것도 당연하다. 단지 열대지방의 몇몇 식물만이 태양에너지의 1%까지(매우 빠르게 자라는 중이라면 가끔 거의 4%까지) 합성한다. 나머지 태양에너지는 반사되거나 흡수될 뿐 탄수화물로 전환되지 못한다.

태양을 효율적으로 이용하지 못하기는 우리 인간도 마찬가지이다. 태양에너지는 사실 무제한임에도 현재 우리는 에너지 수요의 약 2%만 태양에너지로 충당한다. 반면, 지구에 떨어지는 태양에너지의 양은 우리가 현재 기술적 과정들에서 필요로 하는 에너지의 양보다, 측정 모델에 따라 3,000배에서 1만 배까지 더 많다고 한다. 우리가 광합성이라도 할 수 있다면 버리는 에너지가 그래도 좀 줄어들 텐데 안타깝다.

그린 에너지

광합성이 이루어질 때 먼저 햇빛이 색소에 의해 흡수되는데 이 색소를 (녹색으로 보이므로) 엽록소라고 한다. 이산화탄소에서 당이 생기려면 이산화탄소 분자에 어떤 식으로든 수소(H_2)가 붙어야 한다. 수소는 식물의 경우에 대개 물(H_2O)의 형태로 접하게 된다. 간단히 말해 이산화탄소(CO_2) 분자 여섯 개, 물(H_2O) 분자 여섯 개와 태양에너지가 만나 당($C_6H_{12}O_6$)과 산소(O_2) 분자 여섯 개가 만들어진다. 공기 중으로 보내지는 산소는 탄소가 아니라 물에서 나온다. 식물에게 엽록소는 너무 소중하므로 가을에는 그 재생에 들어간다. 이때 나뭇잎이 붉은빛으로 물든다.

심해와 한밤의 마술 램프

아주 깊이 잠수할 수 있다면 우리는 마술 램프를 만날지도 모른다. 소원을 들어주는 지니는 들어 있지 않겠지만 기름도 콘센트도 없는 물속에서 빛을 발하는 마술 같은 생물 말이다. 이 '마술 램프'는 심해에서 사는 매우 작은(8cm 미만) 두족류인 리코테우티스속 *Lycoteuthis*이다. 이들은 눈과 갑옷 속에 있는 빛 기관에서 빛을 만들어 낸다(갑옷이란 진짜 옷을 말하는 것이 아니라 이들 특유의 딱딱한 등 부분을 말한다). 어두운 심해에서 빛은 몸의 윤곽을 흐리므로 적을 헷갈리게 한다. 동시에 먹잇감 및 교미 상대자를 유혹하기에도 좋다.

이 마술 램프들은 '연소'가 아니라 루시페린이라는 발광 분자와 산소의 화학반응 덕분에 빛을 발한다. 다시 말해 촉매자이자 발광 효소인 루시페라아제와 세포 내 에너지 운반자인 아데노신 3인산(ATP)의 작용을 통해 빛이 생겨난다. 이 반응은 열을 발산하지 않으므로 '차가운 빛'이며 빛 기관 안에서 공생 관계로 살아가는 발광 박테리아 안에서 일어난다. 그리고 이 빛 발산을 최종적으로 관리하는 것은 그 박테리아를 먹여 살리는 '숙주'인데 필요한 산소를 통제하는 방식으로 관리한다. 우리는 심해 유기체들의 90%가 이런 방식으로 빛을 낸다고 추정하고 있다.

그런데 빛을 발하는 이런 특이한 종들이 꼭 물속에서만 사는 것은 아니다. 개똥벌레(반딧불이)도 같은 원리를 이용해 빛을 발하는데 사실 우리 인간도 이 원리에서 득을 보고 있다. 우리는 개똥벌레의 루시페린-루시페라아제 시스템을 연구해, 식품 속에 아데노신 3인산이 얼마나 들어 있는지를 증명하는 간이 검사기를 개발해 냈다.[2] 살아 있는 유기체만이 아데노신 3인산을 생산하므로 이 검사를 통해 식품이 박테리아에 얼마나 오염되어 있는지를 알 수 있다. 그렇

뜨거운 한밤에 차가운 빛을 발하는 개똥벌레

게 상한 식품을 골라내 늦기 전에 처리할 수 있는 것이다.

식물의 광합성으로 생산된 에너지는 먹이사슬을 타고 계속 위로 전달된다. 화학 합성을 기반으로 하는 극소수를 제외하면 먹이사슬 전반의 생물들 모두 식물 분자가 태양에너지로 생산해 낸 것이 그 존재의 시작이 되는 것이다. 먹이사슬은 아카시아→코끼리처럼 아주 짧을 수도 있다. 그리고 단세포 해초를 먹는 작은 새우→그 작은 새우를 먹는 큰 새우→그 큰 새우를 먹는 작은 어류→그 작은 어류를 먹는 큰 어류→마지막으로 그 큰 어류를 먹는 고래처럼 매우 길어질 수도 있다. 자연은 늘 일직선으로만 흐르지는 않으므로 해초가 어쩌면 곧장 큰 생선에게 먹히고 그 생선을 알바트로스가 먹고 그 알바트로스를 고래가 먹으면서 먹이사슬이 끝날 수도 있다. 그런 의미에서 더 정확하게 먹이사슬보다는 '먹이그물'이라고 부르기도 한다. 우리는 먹이사슬의 한 단계에서 다음 단계로 넘어갈 때 대략 에너지의 약 10%만 넘어간다고 본다. 나머지는 연소되거나 (대소변 같은) 대사 최종 산물로 배출된다.

그런데 먹이사슬이 꼭 가장 큰 동물의 포식으로만 끝나는 것도 아니다. 고래도 '고래 버거'로 가공되어(그렇지 않기를 바란다!) 인간의 음식이 될 수도 있고 항구의 어느 식당 야외 테이블에서 버거 속 패티 상태로 모기의 먹이가 될 수도 있다. 그러면 모기에서 다시 먹이사슬이 이어진다. 고래가 바다에서 평화롭게 자연사한다고 해도 뒤이어 청소 동물(썩은 고기를 먹는 동물)과 분해 동물(모든 유기물질을 다시 잘게 쪼개는 미생물)이 덤벼들 것이다. 그다음에 햇빛과 함께 고래의 분자에서 다시 새로운 생명이 탄생한다.

먹이사슬과 먹이그물 모두 유기물 안에서 태양에너지가 변환된 것에서 시작하므로 사실 인간을 포함한 모든 생물은 100% 태양열로 살아가는 셈이다(심박 조정기 같은 기술적 보조 장치를 논외로 친다면 말이다). 우리는 (태양열이 만들어 준) 영양소로 에너지를 얻는데 바로 여기서 생물 다양성의 대체할 수 없는 능력에 의존할 수밖에 없다. 3장에서 자세히 살펴보았으니 여기서는 "생물 다양성이 제공하는 다양한 에너지 원천(그러니까 다양한 식품)을 섭취할 때 우리는 더 건강하게 살게 될 테고 무엇보다 영양소 섭취를 제대로 하고 있는지 늘 고민할 필요가 없게 된다"라고만 말하고 넘어가겠다. 고민을 줄여서 남은 에너지를 중요한 다른 것을 위해 쓰면 될 것이다.

참! 에너지의 흡수, 그러니까 소화를 얼마나 효율적으로 하는가의 문제도 있다. 이것은 동물에 따라 극도로 다르다. 육식동물은 위산과 소화효소를 충분히 분비한다. 게다가 고기는 소화흡수율이 높다. 동물 세포와 달리 식물 세포는 세포벽으로 둘러싸여 있어서 세포 내 에너지를 얻기 어렵다. 그래서 초식동물들은 몸속에 발효실을 갖고 있고 이 발효실 안에 사는 박테리아들이 소화를 돕는다. 토끼는 긴 맹장이, 소와 기린 같은 반추동물은 여러 개의 위장이 이 발효실 역할을 한다. 이런 기관이 없는 초식동물이라면 덩치라도 커야 한다. 코끼리와 큰 초식 공룡들이 그렇다. 이 동물들은 표면적-부피-비율이 좋다.* 다시 말해 다양한 대사 과정에서 생기는 체온이 상대적으로 잘 유지된다. 그래서 몸무게 1kg당 필요한 에너지가, 먹이사슬의 스펙트럼 끝에 있는 키티돼지코박쥐, 유라시아피그미뒤쥐 같은 포유동물보다 상대적으로 작다. 이 효과가 매우 대단해서 기간토테르미*gigantothermie**라는 말도 생겼다. 그런 의미에서 공룡은 그 위압적인 체구에도 불구하고 분명 '냉'혹하지는 않았을 거라 상상해 본다.

●   부피에 비해 표면적이 작다는 뜻.
●   거인과 발열의 혼합어로, 큰 체구로 발열을 줄이는 메커니즘을 뜻하며 생물학 및 고생물학에서 중요한 현상이다.

고대의 생태계에서 온 에너지

태양에너지로 움직이는 것은 우리의 몸만이 아니다. 산업, 운송, 일상에서 가장 폭넓게 이용되는 에너지의 원천, 즉 석유와 천연가스 같은 화석에너지도 결국에는 '과거' 햇빛에서 나온 것이다. 이것을 이해하기 위해서는 우리의 그 대단한 석유와 천연가스

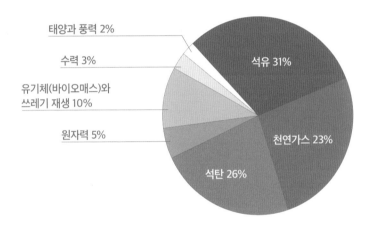

태양과 풍력 2%
수력 3%
유기체(바이오매스)와
쓰레기 재생 10%
원자력 5%
석탄 26%
천연가스 23%
석유 31%

2018년 기준 세계 에너지 사용 비율

가 어떻게 생성되는지를 살펴봐야 한다.

천연가스를 위해서는 약 2,000만 년 전, 석유를 위해서는 약 4억 년 전, 광합성으로 유기물을 합성하던 해조류(식물플랑크톤)들이 죽어 해저에 가라앉았다. 그 가라앉은 자리가 파도 없이 잔잔하다면 대개 산소가 부족하거나 아예 없는 지대가 생긴다. 그럼 이 해조류 유기 생물체들의 분해 과정이 저지된다(물론 간단히 말해

불타고 있는 딥워터 허라이즌호

서 이런 것이고 가라앉은 유기 생물체들 위에 퇴적물들이 쌓이면서 석유와 가스가 생성되는데 이 과정은 비생물적이라 여기서는 생략한다). 이런 고대의 생물학적 과정을 기반으로 현재 우리가 필요로 하는 에너지의 80%(석탄 포함)를 해결하고 있다. 나머지 중에 10%도 유기체와 쓰레기(대체로 음식물 쓰레기)에서 얻고 있으니 사실 에너지 조달의 90%를 (과거의) 생태계 서비스에 의존하고 있는 셈이다!

이 상황에는 당연히 문제가 있다. 생성되기까지 그토록 오랜 세월이 필요하다면, 그렇게 생성된 화석연료를 우리가 기후까지 바꿔 가면서 지난 150년 동안 줄기차게 태워 댔으니 이제 얼마 남지 않았음이 분명하다. 그러므로 화석연료는 지속 가능한 에너지라 할 수 없다. 이 유한한 원료의 새로운 저장고를 계속 찾으려고 우리는 점점 심해나 남극 같은 극단적 기후의 가닿기도 어려운 먼 곳까지 침범한다. 이 말은 곧 그곳의 매우 특별하고 예민한 생물 다양성을 파괴하고 있다는 뜻이다.

채굴 과정에서 사고가 날 위험도 매우 크다. 대표적으로 2010년 멕시코만 딥워터 허라이즌 기름 유출 사고가 세계적인 경각심을 일으킨 바 있다. 이런 일이 극지방의 얼음 밑에서 일어난다면 그 여파는 아무도 상상하고 싶지 않을 것이다.

재생에너지로 가는 먼 길

그래서 우리는 천연자원의 긴 생성 과정을 줄이는 바이오 가스biogas(생물 기체) 플랜트라는 시설을 고안해 냈다. 방금 수확한 식물들을 이 플랜트에서 발효시켜 바이오 가스로 만든다. 다시 말해 우리는 태양에너지를 가스 형태로 저장한 다음, 예를 들어 내연기관을 이용해 운동에너지로 바꿀 수 있다. 그럴듯하다. 사실 너무 그럴듯해서 이 방법을 연구하는 데 많은 자금이 투입되었다. 하지만 여기서도 문제는 전기 혹은 난방을 위한 에너지 수요가 너무 커서, 식물성 쓰레기만 이용하는 데 그치지 않고 이제는 대단위 농경지가 바이오 가스 생산 용도로만 급격하게 변경되고 있다는 점이다. 지금 이미 세계적으로 6,000만 헥타르 이상의 농경지가 옥수수, 유채, 사탕수수·사탕무 같은 바이오 에너지 작물 생산에 쓰이고 있다. 2050년에는 그 면적이 두 배가 되리라 예상한다.[3] 그리고 유기농 식재료라면 기꺼이 돈을 좀 더 쓰겠다는 사람은 많지만 바이오 에너지 작물의 환경 친화적 농법을 주장하고 후원하는 사람은 여전히 매우 적은 편이다. 그러므로 에너지 작물이 생물 다양성을 지향하는 방향으로 재배되는 경우는 거의 없다.

하지만 화석 에너지의 또 다른 대안도 있다. 태양에너지, 풍력, 수력처럼 늘 쓸 수 있고 지속 가능한 에너지의 이용도 늘어나고 있다. 신중을 기한다면 진짜 대안이 될 수 있는 에너지들이다. 하지만 여기서 방점은 '신중을 기한다면'에 있다. 바다의 풍력발전 시설(이른바 해상풍력단지)은 대규모 석유 시추 플랫폼처럼 (설치하고 운영할 때) 큰 소음을 내는데 이 소음에 특정 고래들은 물론이고 많은 해양 생물들이 매우 예민하게 반응한다. 생식 활동, 동면 활동, 이동 양상에서 이상행동을 보이는 것이다. 해저의 예민한 생태계가 파괴되는 것은 말할 것도 없다.

육지의 풍력발전 시설은 새와 박쥐에게 문제를 일으킨다. 새들은 풍력발전기의 회전 날개판이 돌아가는 속도를 제대로 판단하지 못해 자꾸 와서 부딪친다. 맹금류는 땅에서 사는 작은 포유류를 향해 돌진할 때라면 회전 날개판을 아예 보지도 못한다. 회전 날개판 혹은 풍력발전기 자체가 점등하는 것도 새와 박쥐를 헷갈리게 하는 요인인데 심지어 그 불빛 속으로 돌진하게 만들기도 한다.

하지만 이런 피해들을 평가할 때는 비교가 무엇보다 중요하다. 풍력발전기에 의해 죽게 되는 새들 하나하나가 매우 유감이기는 하지만(매년 약 10만 마리로 추정된다[4]) 독일에서 매년 유리 창문에 부딪혀 죽는 새가 1,800만 마리, 전선에 의해 죽는 새가 280만 마리에 달한다.[5] 그리고 집고양이 한 마리가 죽이는 새의 수도 5~20 마리에 달한다. 독일 내 집고양이가 약 800만 마리이니 이미 비교 대상을 넘어선 느낌이다.[6]

풍력과 함께 수력도 중요한 재생에너지 조달자이다. 특히 아프리카, 아시아, 라틴아메리카에서 이용 잠재성이 상당하다. 하지만 여기서도 반드시 '신중'을 기해야 한다! 지금 이미 세계의 큰 강들 중에서, 중간에 댐 시설 같은 통제 없이 바다로 흘러들어가는 강은 4분의 1도 안 된다. 강 하구와 해안의 생태계가 제대로 기능하기 위해서는 물, 침전물, 영양소, 생물의 자연스러운 유입이 꼭 필요하므로 이런 시설들은 항상 생태계에 크고 작은 침해가 될 수밖에 없다. 지금 계획대로 메콩강, 아마존강, 콩고강을 따라 댐들이 착착 들어선다면 세계 담수어 3분의 1이 위협받을 것으로 추정된다.[7] 그러므로 개발도상국과 신흥 경제국에서도 증가하는 에너지 수요를 최대한 지속 가능한 에너지로 충당하도록 노력해야 할 테고 이것은 매우 중요한 문제이다. 또 수력발전 프로젝트의 결과를 제대로 예측하고 해당 지역 사람들에게도 동등한 권리를 주며 참여를 유도해야 할 것이다.

인간이 하는 일 중에 자연에 (부정적인) 영향을 주지 않는 일은 거의 없다. 그런데도 모든 것을 고려해 볼 때 화석에너지에서 재생에너지로 갈아타기는 특히 생물 다양성 면에서 의미 있는 조치로 보인다. 게다가 기후변화에도 긍정적으로 작용할 것이다. 덧붙

친환경 전력을 위한 대대적인 자연 훼손의 예인 미국 후버댐

여 에너지 효율을 높여야 하고 무엇보다 에너지 수요를 대폭 줄여야 한다. 그래야만 자연 훼손을 최소화할 수 있다.

에너지 효율 일류에게서 배우기

'에너지 수요'는 늘어나는데 '환경 파괴'는 줄여야 하는 이런 상황에서 에너지 효율을 높이는 것이 하나의 좋은 해결책이 될 수 있다. 그런데 에너지 효율 면에서 놀라운 능력을 보여 주는 동물들이 있다. 태양에너지를 무제한 쓸 수 있는 식물들과 달리 언제든 에너지가 부족할 수 있는 동물들은 종종 에너지를 절약하는 데 탁월한 면모를 드러낸다.

예를 들어 돌고래는 몸체가 유선형이라 물의 저항력을 줄일 수 있고 피부의 압력 수용체를 이용해 난기류를 감지한 후에 피부의 미세한 홈들을 움직이면서 균형을 잡을 수 있다. 그렇게 물의 저항력을 없애면 결과적으로 에너지도 덜 쓰게 된다.

한편 펭귄은 (이젠 놀랍지도 않지만) 매우 정교한 열에너지 시스템을 갖고 있다. 얼음 위에서 사는데도 발이 얼지 않는 것은 펭귄이 열 역류 시스템을 이용해 몸통 내 따뜻한 피를 발의 차가운 혈관에 흘러들어가게 하기 때문이다. 펭귄 발은 그렇게 빙점보다 단 1~2℃ 높은 상태를 유지하는데 그래야 발이 얼지 않으면서도 발의 열 때문에 발밑의 얼음이 녹지도 않는다. 그래도 발이 추울 것 같은가? 아마도! 하지만 에너지 효율 면에서는 이보다 더 좋을 수 없다!

'스탠바이' 기능을 가진 동물도 많다. 예를 들어 다람쥐과 동물들은 겨울잠에 들어가며 모든 물질대사 과정을 최소로 줄이고 체온도 확실히 내린다. 그리고 큰곰들도 겨울 휴식에 들어간다. 다만 체온은 상대적으로 정상에 가깝게 유지하면서 필요에 따라 잠깐씩 깨기도 한다. 또 박쥐 종류 대부분과 벌새들은 일종의 '미니 겨울잠'인 토르퍼Torpor 상태로 들어간다. 단지 동물 버전일 뿐 모두 전자 기기의 스탠바이 기능과 다를 바 없다.

이런 자연의 접근법 중에는 우리가 모방해 기술 시스템 내 에너지 효율을 높이는 데 사용할 것들이 많다. 그리고 이 기술이 바로 다음 장의 주제이다.

살아 숨 쉬는 연구실

- 생물 다양성과 기술

자연과 기술은 언뜻 보기에 서로 정반대처럼 보인다. 하지만 생물 다양성은 사실 여러 면에서 기술과 뗄 수 없는 관계이다. 자연 속에는 다양한 생태학적 요구에 특화된 무수한 전문가들이 있고 이 전문가들이 기술적 문제들에 늘 직면하는 우리 인간에게 더할 수 없이 멋진 본보기가 된다. 당신은 독일의 자동 세차 회사가 왜 '연잎 세차'Lotuswäsche라고 불리는지 아는가? 혹은 비행기의 날개 끝이 왜 약간 위로 구부려져 있는지(자연의 어떤 생물이 그렇게 생겼는지) 아는가? 그리고 혹시 펭귄이 어뢰 모양을 닮았다고 생각하다가, 사실은 어뢰가 펭귄 모양을 한 건가 하고 헷갈린 적은 없는가? 맞다! 우리는 자연을 모방해 왔다.

자연 모방하기 — 생체공학의 첫 단계

인간은 늘 자연에서 영감을 받아 왔다. 어류처럼 수영하려면,

혹은 조류처럼 날려면 어떻게 해야 하는지 늘 호기심을 갖고 질문해 왔다. 옛날에는 적절한 기술이 없어서 이런 질문들을 제대로 실험하고 연구할 수 없었을 뿐이다. 하지만 레오나르도 다빈치는 15세기에 이미 하늘을 나는 법을 아주 구체적으로 연구했다. 물론 새의 날개와 비슷한 물건을 팔에 끼는 정도로는 당연히 불가능했으므로 하늘을 날아 보겠다는 꿈을 실현하기까지는 모험심 강한 항공 개척자들의 목숨이 여럿 희생되기는 했다.

생긴 건 완벽했지만

슈타인후더 헤히트*Steinhuder Hecht*●는 독일의 해군 장교 야코프 프레토리우스가 1762년 설계한 범선(돛단배)-잠수함 혼합형 배로, 자

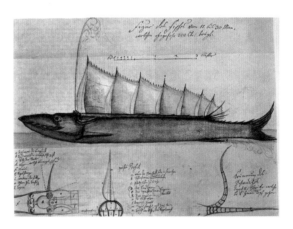

슈타인후더 헤히트 설계도

● 독일 슈타인후더 호수에 사는, 이빨이 날카로운 탐식성 담수어류.

연을 기술적으로 모방하려는 시도의 원형을 보여 준다. 돛단배임에도 필요에 따라 잠수도 할 수 있고 잠수 시에는 꼬리지느러미에 의해 앞으로 나아가도록 설계되었다. 이 배는 우편선으로서 독일의 베저강에서 포르투갈의 리스본까지 운항할 예정이었다. 하지만 아무리 어류처럼 생겼어도 어류만큼 물속을 자유롭게 유영하지는 못했다. 자연 모방이 그렇게 간단하지는 않다.

자연을 모방하려던 단순한 시도들이 여러 분야를 넘나드는 생체공학이라는 매우 성공적인 연구 영역을 낳았다. 현재 생물학자, 기술자, 디자이너를 비롯한 여러 분야의 전문가들이 살아 있는 자연에서 받은 영감을 바탕으로 어려운 기술적 문제들을 해결하려고 노력하고 있다.

생체공학자는 대체로 두 가지 접근법을 따른다. 첫째, 현존하는 기술적 문제의 해결책을 자연에서 찾아 응용한다. 1920년 즈음, 오스트리아의 식물학자 라울 하인리히 프랑스에게도 기술적 문제가 하나 있었다. 밭에 유기물을 고르게 뿌리고 싶은데 적당한 기계가 없었다. 그래서 직접 만들기로 했다. 식물학자였으므로 그는 식물군에서 해결책을 찾다가 양귀비의 씨앗 주머니에서 힌트를 얻었다. 씨앗 주머니에 난 구멍의 형태가 둥글어 씨앗들이 골고루 땅에 떨어지는 모습을 보았던 것이다. 이 사실에 크게 고무된 라울은 1920년 『발명가 식물Die Pflanze als Erfinder』이라는 책까지 썼다. 현재 농사에서만이 아니라 가정에서도 쓰이고 의학적 목적으로도 쓰이는 다양한 살포기Spreader가 그렇게 처음 탄생했다.

또 다른 예로 최근 전문가들은 강과 바다로 빠져나가는 세탁기 폐수 속 미세 플라스틱을 효과적으로 거르는 방법을 찾고 있다. 그 필터의 모델 또한 바로 바다에서 찾을 수 있다. 해면동물, 조개류, 갑각류는 물론이고 다른 많은 어류와 고래들도 미세 플랑크톤을 먹고 사는데 자신만의 필터로 바닷물에서 걸러내 잡아먹는다. 그런데 바닷물에 미세 플라스틱이 점점 더 많아짐에 따라 이 동물들의 배 속에도 플라스틱이 점점 더 많아지고 있다는 게 현재 아주 큰 문제이다. 하지만 이 생태계 문제도 곧 해결에 한 발자국 더 다가갈지도 모르겠다. 동물들이 어떻게 필요 없는 물질들을 걸러내는지 연구한다면 잘 모방해서 세탁기 내부에 설치해 미세 플라스틱이 강과 바다로 흘러들어가는 것을 막을 수도 있으니까 말이다.

생체공학자들의 접근법 그 두 번째는 자연의 놀라운 현상들을 조사한 다음, 기술적으로 적용할 흥미로운 방법들을 생각해 보는 것이다.

연잎 효과 응용이 그 전형적인 예이다. 연잎은 불교에서 순수함의 상징인데 여기에는 그럴 만한 이유가 있었다. 이 수생식물은 이파리에 무엇이 붙든 비만 조금 오면 금방 깨끗해진다. 연잎이 많은 나라에서는 옛날부터 잘 알려져 있던 효과였지만, 그 배후의 원리는 주사형 전자현미경으로 이파리들을 자세히 들여다

코팅 효과가 있는 연잎

보고 나서야 감을 잡을 수 있었다. 연잎을 10만 배 확대해 봤더니 연잎의 나노 구조는 사람들이 생각했던 것처럼 그렇게 매끄럽지 않았고 오히려 '인공 모직 카펫'처럼 거칠었다. 오염 물질과 물이 그 '카펫 털끝'에만 가닿으므로 접착 표면이 매우 좁았던 것이다.

게다가 방수 조직이므로 오염 물질이 물방울과 함께 미끄러져 내려간다. 이것은 이파리에 균류 혹은 조류가 자라는 것을 막아 주므로 곰팡이로부터 자유롭다는 장점이 있다. 게다가 깨끗한 이파리에서 광합성이 가장 잘 일어난다는 장점도 있다.

이런 연잎 효과를 우리는 이제 완전히 다른 곳에 기술적으로 응용해 사용하고 있다. 예를 들어 칠과 도료에 응용해 자기 세정 표면(코팅 효과)을 만들어 냈다. 나아가 연잎 효과는 오염을 허락하고 싶지 않은 곳이라면 어디든 응용해 쓸 수 있다.

생체공학이 현재 체계적인 연구를 바탕으로 꾸준히 발전하고는 있지만, 그동안 자연 원리를 발견하고 응용해 온 과정들을 보면 지금까지는 대체로 우연에 의한 것들이었다. 지구상의 다양한 종들에 대해, 그리고 자연의 전략과 변화 과정들에 대해 지금 우리가 알고 있는 것이 여전히 얼마나 보잘것없는지 본다면 생물 다양성이 앞으로도 우리에게 많은 도움을 줄 것이라고 확신할 수 있다. 기술적인 문제에서는 특히 더 그렇다. 다음은 단지 그 몇 가지 예일 뿐이다. 우리는 아직 배울 게 너무도 많다.

(1) 자가 조직 프로세스: 하나의 세포에서 어떻게 전체 조직이 만들어질까? 자연에게 이것은 일도 아니다. 새 가구를 살 때는 그렇지 않지만, 자연은 늘 조립 설명서를 갖고 있다. 그것도 이해하기 쉬운 설명서!

(2) 대사 능력과 모듈성: 원재료 몇 개만으로 다 만들 수 있다고? 그것도 찌꺼기나 유해 물질 하나 남기지 않고? 자연은 이 점에 특히 강하다. 그리고 이것은 우리가 지금까지도 해결하지 못하고 있는 큰 문제이자 과제이다.

(3) 자가 치유: 뼈가 부러지고 피부가 찢겼는가? 자연은 다시 회복한다. 포유류에 빗댄다면, 심지어 다리가 잘려 나가고 이빨이 다 빠져도 자연은 회복한다.

(4) 무기한 유통기간: 인간의 치아도 100년은 간다고? 물론 그럴 수도 있다, 관리만 잘한다면야.

기능성 옷을 입고 태어난 물개

남아프리카물개*Arctocephalus pusillus*는 바다에서 산다. 하지만 새끼를 낳기 위해서는, 모든 기각류鰭脚類가 그렇듯 육지로 올라온다. 막 태어난 새끼는 수영을 할 수 없기 때문이다. 그래서 새끼들에게는 몇 가지 '기술적인 문제'가 생긴다. '천연 잠수복' 같은 물개의 피하 지방층은 차가운 바닷물 속에서는 저체온증을 훌륭하게 막아 주지만 육지에서는 체온 과열을 부른다. 게다가 아기 물개의 피부는 곱슬곱슬하고 철사처럼 단단한 털로 뒤덮여 있는데 이들이 사는 남아프리카나 오스트레일리아 남쪽 해안(이름에 맞지 않게 여기에도 살고 있음)은 북반구의 여름같이 뜨거운 날씨가 일 년 내내 이어진다.

아직 수영을 못하므로 바닷속으로 들어가 체온을 낮추기에는 너무 위험하다. 그리고 해안에는 그늘도 거의 없다. 그래서 물개의 털가

체온 조절의 귀재, 남아프리카물개

죽은 무려 80℃까지 뜨거워진다고 한다. 그런데 흥미롭게도 털가 죽이 그렇게 뜨거워져도 체온 자체는 38℃ 이상 올라가지 않는다. 그 이유는 구조적으로 공기 순환을 유도하는 털가죽 안쪽의 털에 있는 듯하다. 남아프리카물개 털의 특별한 구조가 열기가 피부에 까지 가닿는 것을 막아 주고 있다. 동시에 바람이 강하거나 낮은 온 도가 문제가 될 때 저체온증도 막아 준다. 의류 생산자들은 현재 이 런 물개 털의 구조를 기능성 스포츠 의류에 적용할 방법을 고심하 고 있다.

그렇다면 없어도 괜찮을까? — 생물 다양성 대체의 문제

인간이 자연 생태계의 중요한 과정들을 모방하는 데 완벽하게 성공한다면 생물 다양성이 그렇게 중요하지 않을지도 모른다며 이의를 제기하는 사람도 있을 것 같다. 그냥 우리가 직접 다 만드 는 것이다!

이것은 무엇보다도 지구 생태계의 가장 기본적인 과정, 즉 광 합성에 대한 우리의 열망이기도 하다. 만약에 인공 광합성을 자유 자재로 구사할 수 있다면 유기 조직을 만들 수 있을 뿐만 아니라 그 과정에서 햇빛도 저장하고 영양소도 생산할 수 있고 이산화탄 소도 묶어 두고 기후변화도 막을 수 있다. 하지만 광합성이 어떻 게 이루어지는지 대충은 알고 있다고 해도 광합성 과정을 기술적 으로 모방하기는 아직 절대적으로 불가능하다고 봐야 한다.

사실 2019년 미국의 화학자들이 인공 광합성에 성공하기는 했다.[1] 하지만 그 성적이 식물의 광합성 수준에는 훨씬 못 미쳤다. 연구원들은 햇빛을 흡수하고 빠른 화학반응을 일으키는 촉매제로, 이산화탄소를 잘 묶어 두고 빛도 잘 흡수하는 비싼 금 나노 입자를 사용했다. 그렇게 실제로 화학 탄화물(프로판) 생산에는 성공했지만 먹을 수 있는 탄수화물은 생산하지 못했다. 게다가 효율 면에서 자연의 모범적인 광합성을 조금도 따라가지 못했다(앞에서 살펴보았듯이 식물도 태양에너지의 1%까지만 합성하므로 결코 효율이 좋다고 할 수 없는데 우리는 그 정도의 효율조차 따라가지 못하는 것이다).

별로 어려울 것 같지 않아?

1987년 미국 애리조나주에서 지구 생물 생활권(바이오스피어1)을 인공적인 생물 생활권(바이오스피어2)으로 대체하는 시범 실험이 시작되었다. 석유 부호 에드워드 바스가 투자한 2억 달러로 1.6ha(1만 6,000m²)에 달하는 대지에 유리와 철강으로 이루어진 대형 건물이 세워졌다. 목표는 그 인공 생태계 안에서 여덟 명의 사람이 장기적으로 자급자족하며 사는 것이었다.

그 안에서도 생물 다양성이 보장되어야 했으므로 제일 먼저 다양한 동식물 약 3,800종이 투입되었다. 하지만 모든 것을 완벽히 계산한 듯 보였던 이 실험은 2년 후 중단되었다. 산소가 줄어들고 질소와 탄소가 늘어나는 대기의 변화가 있었고 바퀴벌레와 개미 종류가 번식하면서 인간 실험 참여자뿐만 아니라 다른 많은 종의 생존을 위협했던 것이다. 1994년에 있었던 두 번째 시도도 여섯 달만에 중단되었다.

다른 분야에서도 마찬가지이다. 이미 언급한 댐 건설을 통한 시도들, 생태계를 대신해 범람 시 혹은 평상시에도 해안선을 보호하기 위해 설치하는 테트라포드(방파제 구조물) 등등 모두 기능 면에서 자연의 효율성을 전혀 따라가지 못하고 무엇보다 매우 비싸다.

그러므로 자연의 생태계 기능을 기술로 대체하려는 노력은 정말 제대로 성공한 적이 아직 한 번도 없다고 해도 과언이 아니다. 자연이 공짜로 효율적으로 할 수 있는 일을 우리는 비싸게, 그리고 비효율적으로만 할 수 있다. 다시 말하지만 잘 뛰고 있는 팀은 그냥 가만히 둬야 한다!

기브앤드테이크 ─ 자연에게 기술 갚기

지금까지 생태계 기능을 완벽하게 모방한 적이 한 번도 없기는 해도 우리 인간의 기술이 다양한 영역에서 대단한 발전을 이룬 것 또한 사실이다. 덕분에 전반적으로 우리는 더 편하고 더 안전하고 더 아름다운 삶을 살게 되었다.

그런 의미에서 이제 우리는 자연으로부터 이득만 보겠다는 생각에서 좀 벗어나야 할 듯하다. 우리가 지금까지 축적한 기술적

노하우를 이용해 이제는 거꾸로 종들의 생존을 보장해 줄 수도 있으니까 말이다. 그렇다면 생물 다양성의 파괴를 억제하는 데 도움이 되는 기술은 없을까 한번 생각해 보자.

그런 기술은 당연히 있다! 예를 들어 불법 벌목 현장을 잡아내는 데 현대의 위성 기술이 도움이 된다. 과거에는 위성사진이 상대적으로 적었고 그나마도 몇 개월, 심지어 몇 년 뒤에나 분석할 수 있었는데 이제는 기술이 놀랍도록 발전했다. 점점 더 많은 위성이 열대우림의 외딴 지역까지 촬영하고 있다. 위성의 수만 많아진 게 아니라 위성이 배달해 주는 사진의 해상도도 놀랍도록 좋아졌다. 덕분에 불법 벌목이 막 시작되려 할 때 이미 잡아낼 수 있게 되었다. 이제는 위성사진의 평가를 전문가만 하는 것도 아니다. 인공적인 빛과 새로운 운송길 등을 자동으로 알아차리는 컴퓨터 프로그램도 많다.

그 결과, 불법 벌목의 규모, 장소, 진입로까지 며칠 만에 알아낼 수 있다. 그래서 다행히 이제는 부패한 정부들이 늘 애용하던 변명, 즉 "우리는 전혀 몰랐다"가 통하지 않게 되었다.[2]

또 다른 문제, 즉 코끼리 상아의 출처와 나이를 확정하는 문제에 대한 해결책도 기술에서 찾아냈다. 아주 오래된 상아를 수입하는 것은 합법이므로 코끼리가 보호 동물이 되기 전에 수입되었는지 그 후에 수입되었는지를 아는 것은 중요한 문제이다. 그리고 코끼리의 어금니 각각이 어디서 왔는지 알 수 있다면 운송 경로와 밀렵이 성행하는 곳도 알 수 있고 따라서 밀렵을 방지할 수도

자연보호 작전 중인 드론 카메라

있다. 이 문제에서 이제 동위원소 진단이 큰 역할을 해 우리는 상아의 지리적 출처를 확정하는 정교한 분석 메커니즘의 도움을 받고 있다. 원자핵 내 양성자의 수는 같지만 중성자의 수는 다른 원소를 동위원소라고 한다. 이 동위원소의 구성이 지역마다 다르므로 상아 표면에 남아 있는 영양소의 동위원소를 분석하면 어디서 온 상아인지 알 수 있다. 상아 표면에 흩어져 있는 영양소의 특정 동위원소가 상아의 출신지를 알려 주는 '손금'인 셈이다. 이미 알고 있는 몇몇 상아 출신지 영양소에 대한 동위원소 데이터뱅크가 있으므로 아주 작은 상아 조각만으로도 그 출처를 확정할 수 있다. 조사하면 75%는 1,000km까지 출처를 확실히 알 수 있다. 이 것만으로도 밀렵 상황을 추적하고 동물들을 보호하는 데 큰 도움이 된다.

밀렵이 큰돈을 벌게 해 주는 상황일 때 사냥터 관리 일은 매우 위험해질 수 있다. 그래서 우리는 관리인이 위험에 처하지 않고도 밀렵을 찾아내고 추적하는 방법은 없을까 생각하게 되는데 적외선카메라를 장착한 드론 작전에 희망을 걸어 볼 만하다. 예를 들어 남아프리카공화국에서는 코뿔소 밀렵꾼들을 소탕할 때 이미 드론을 사용하고 있다. 일단 밀렵 현장을 적발하고 나면 잘 무장한 특수부대가 출동해 밀렵 범죄 조직단을 소탕할 수 있으므로 드론 조종사는 현장에서 멀리 떨어진 곳에 안전하게 있으면 된다.

그리고 동물들이 언제 어디로 이동하고 어디서 인간과 충돌하고 인간에 의해 희생되는지 잘 안다면 보호구역을 정확하게 지정할 수 있다. 혹은 새 떼가 땅으로 돌진할 때만 풍력발전기를 멈추게 할 수 있다면 새도 보호하고 경제적 손실도 최소화할 수 있다. 이 문제들은 이제 GPS(범지구위치결정시스템) 송신기가 해결해 준다. GPS 기계를 몇몇 동물에게만 장착해 놓아도 정확한 이동 경로를 알아낼 수 있다.

하지만 최신 기술을 이용해 아무리 열심히 자연을 보호한다고 해도 자연을 예전에 그랬던 것보다 더 좋게 만들지는 못하며, 단지 우리가 이미 저지른 실수들을 약간 만회하는 정도임을 잊어서는 안 된다. 이것은 어쩔 도리가 없다.

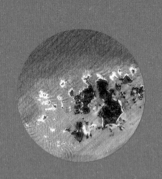
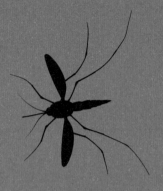

최상의 경우, 당신은 이제 생물 다양성의 광팬이
되었을 것이다. 최악의 경우, 소 잃고 외양간 고치는
격이라며 아예 완전 철수를 축하하고 있을지도 모르겠다.
만약 후자라면 당연히 매우 유감이다. 왜냐하면
생물 다양성을 지키기 위해 아직 우리가 할 수 있는 일이
실제로 매우 많기 때문이다. 3부에서는 생물 다양성이
진정 누구를 위한 것이며 생물 다양성을 지키기 위해
어떤 일을 해야 하고 그 일을 누가 할 것인지에 대해
살펴보려 한다.

3부
인간이 우리한테
해 준 게 뭔데?

자연에 가격표를
달아도 될까

지금까지 우리는 생태계에 어떤 능력이 있고 우리의 안녕이 생태계의 능력에 얼마나 의존하고 있는지 살펴보았다. 이제 자연의 능력과 그 천재성을 알게 되었으니 저절로 겸손해지지 않을 수 없다. 하지만 동시에 이런 시각에는 당연히 강한 자기중심주의가 담겨 있다. 인간의 안녕에 봉사하는 것만이 보호받을 가치가 있다고 말하는 셈이니까 말이다. 그러한 논리라면 우리에게 필요 없는 것은 부서지든 말든 상관없다. 그래서 "모기가 우리한테 해 준 게 뭐가 있는데?"라고 묻는 것이다.

하지만 과연 우리에게 그렇게 물을 자격이 있을까? 자연의 모든 것이 우리가 필요로 하니까 존재하고 그럴 때만 그 존재가 정당화되는 걸까? 처지를 바꿔서 모기라면 어떻게 생각할까? 모기라면 반대로 "인간이 우리한테 해 준 게 뭐가 있는데?"라고 묻지 않을까?

대체 누구를 위한 생물 다양성인가?

"생물 다양성이 우리에게 왜 좋은가?" 이것은 **인간 중심적인 시각**에서 나온 질문이다. 반대로 우리는 모든 생물 형태에 똑같이 존재할 권리와 보호받을 가치를 부여하는 **생물 중심적인 시각**을 취할 수도 있다.

생물 중심적인 시각을 취할 때 당연히 다양한 종들 사이에 갈등이 생긴다. 예를 들어 천연두 바이러스와 인간과의 관계를 생각해 보자. 우리는 천연두 바이러스를 보호하고자 우리 자신을 희생할 수 있나? 정말 그러고 싶나?

박테리아 대량 학살자

의사이자 철학자이자 생물 중심주의 윤리를 주장했던 알베르트 슈바이처도 서로 다른 시각 사이의 갈등으로 매우 괴로워했다. 슈바이처는 어떤 업무 일지에다 자신을 '박테리아 대량 학살자'로 묘사하기도 했다. 환자들을 살리기 위해 박테리아들을 약으로 죽여야 했으므로.[1]

자연이 인간에게 유용해서 보호해야 하는 것이 아니라 그 자체로 가치를 내재하고 있으니 보호해야 한다는 시각은 자연 종교적인 시각이기도 하다. 전체로서의 자연을 숭배하고 그 자연 내

오스트레일리아 원주민들의 성스러운 산 울루루. 2019년 10월부터 등산이 금지되었다.

개별 대상을 신성하다고 보는 것이다. 예를 들어 오스트레일리아의 암석 구릉인 울루루Uluru 주변의 원주민들이나 미국의 블랙힐스산맥의 라코타족이 이런 시각을 갖고 있다.

이런 종교적 신념이 없어도 자연을 보면 직관적으로 경외감을 느끼고 매혹되면서 자연에 보존될 권리가 내재함을 인정하게 되는 사람도 많다. 독일연방환경부(BMU)와 독일연방자연보호청이 2년마다 실시하는 자연 의식 실태 조사에 따르면 독일 국민에게 자연보호는 개인적으로도 큰 관심사이다. 2015년에는 질문받은 사람들 93%가 자연보호가 인간의 의무임에 동의했다. 94%는 좋은 삶을 위해 자연이 꼭 필요하다고 봤고, 93%는 다음 세대를 위해 생물 다양성을 꼭 유지해야 한다고 생각했다.[2]

1992년 리우데자네이루 유엔환경개발회의(UNCED)에서 체결된 생물다양성협약(CBD)에도 자연은 기본적으로 보호받을 권리가 있음이 명시되어 있다. "생물 다양성 그 고유의 가치를 인지하고 … 현재와 미래 세대를 위해 생물 다양성을 지속 가능한 형태로 이용하며 유지할 것을 결의한 우리 협약 당사국들은 다음의 점들에 동의한다." 이 협약으로 회원국들은 생물 다양성을 위한 전략을 구상하고 2년마다 당사국 총회를 열어 협약대로 실행하며 진척을 이루었는지 살피기로 했다.

자연과 생물 다양성의 가치가 높다고 우리 모두 이렇게 확신하는데 우리는 왜 아직도 자연을 (우리로부터) 보호하는 데 성공하지 못하고 있는 걸까?

개인의 도덕성에만 의존할 수 없는 이유

생각과 행동 사이에 매우 큰 간격이 있는 것 같다. 우리가 자연에 저지른 일의 결과가 지금 당장 눈앞에 드러나지 않는 한, 아무리 의도가 좋아도 그 의도를 견지하기란 쉽지 않다.

자연을 위해 자연을 보존하자는 생각은 정치적·경제적 의사 결정 과정에 반영되기에는 많이 부족하다. 공기와 물 같은 공공 자원의 가치는 물론이고 나아가 이 공공 자원을 과도하게 이용할 때 치러야 하는 대가까지 철저하게 내면화한 사람이 정치와 경제 분야에 그리 많지 않다. 이들의 부기 장부에 자연이란 항목은 지금까지 존재하지도 않았다. 우리는 폐수를 강물에 흘려보냈고 어류를 끝없이 잡아 댔고 수분은 당연히 될 테니 사과나무에는 사과가 매년 문제없이 달릴 거라고 생각했다.

독일 전 환경부 장관 클라우스 퇴퍼는 이렇게 말했다. "우리는 성장을 위한 자원으로 재정 자원과 인력 자원, 즉 배우고 행동하는 능력, 창조하고 완성하는 능력 들만 있다고 너무 오랫동안 생각해 왔습니다. … 환경 자원 같은 것은 없다고 착각하며 너무 오랫동안 살았습니다. 환경 자원은 공짜이고 환경 주식에 투자할 필요도 없다고 생각했습니다. 이제 우리는 계속 그렇게 생각하다가는 더 이상 경제적으로 발전할 수 없음을 알게 되었습니다."[3]

우리는 생태계 서비스 개념을 정착시켜 공기, 바다 같은 공공 자원의 가치와 그 공공 자원을 파괴할 때 우리가 지출해야 하는 비용을 누구나 쉽게 인지하도록 할 수 있고, 그렇게 정치적·경제적 의사 결정 과정에도 영향력을 미칠 수 있다. 이 시도가 논란의 여지가 없는 것은 아니다. 이런 시도도 결국에는 인간 중심적이므로 자연이 인간에게 도움을 주는 한에서만 자연을 보호하겠다는 뜻이니까 말이다. 실제로 자연의 서비스를 대체하는 기술이 생기고 그것이 자연을 유지하는 것보다 더 싸다면 우리는 그 기술을 선호할 게 분명하다.

이미 중국의 대규모 과일 농장들은 부족한 곤충을 인간 노동력에 의한 인공 수분으로 대체하고 있다. 중국의 노동조건을 고려할 때 아직은 사람에 의한 인공 수분이 곤충들을 보호하는 것보다 더 경제적인 해결책임이 분명하지만 우리는 정말 이런 상황에 만족하고 싶은가? 뭔가 이건 아니다 싶지 않은가? 우리는 정말 북극곰의 목에 가격표를 걸어 놓고 석유 회사들이 그 밑의 원유 저

장고보다 곰들이 더 가치가 있는지 없는지 판단하게 두어야 하는
가?

여기서 또 한번 처지를 바꿔 놓고 생각해 보자. 정말 가격표를
달아야 하는 존재가 있다면 그건 바로 우리 인간이 아닐까? 인류
가 생태계 기능에 공헌한 정도를 누군가가 액수로 추정해 본다면
말이다. 냉정하게 말해 다른 수많은 종의 입장에서 볼 때 우리 인
간은 예를 들어 콜레라 박테리아 같은 존재이다. 없다면 삶이 더
편해질 존재. 우리가 기르는 가축들의 시각에서만 봐도 그럴 것
같다.

모기든 카리스마 있는 포유류든 인간이든 모두 같다. 한 종의
고유한 가치를 논할 때는 역시 돈만으로는 부족하다. 이것은 생태
계에 가치를 매기려는 사람들이 당연히 매우 잘 알고 있는 점이
고 또 거듭 강조하는 점이기도 하다. 하지만 자연과 생물 다양성
의 내재 가치에 대한 이런 원칙적인 인정만으로는 비용과 수익만
보는 현재 우리의 가치 체계와 경제 체계에서 그에 상응하는 행
동을 부르지 못한다. 그리고 바로 여기서 생태계 파괴가 우리 인
간에게 경제적이지 못하다고 보는 인간 중심적 사고가 절대적으
로 유용해진다.

생태계 서비스에 가치 혹은 가격을 할당하는 순간, 의사 결정
과정에 생태계 서비스를 이용하는 문제가 포함될 수 있다. 그럼
생물 다양성을 침해하거나 파괴했을 때 우리가 치러야 하는 대가
도 제대로 인지된다. 그럼 국가적·경제적·개인적으로 생태계를

유지하며 그 서비스를 두고두고 누리는 대신, '재고 정리 염가 판매'로 지금 당장 돈 좀 벌어 보겠다고 생태계를 파괴하는 것이 오히려 더 비싼 대가를 치러야 한다는 결론에 더 자주 도달하게 되지 않을까.

기후변화를 부르는 이산화탄소 배출로 치러야 하는 대가는 추가 세금으로든 탄소배출권 거래제로든 체감할 수 있는 반면, 생물다양성과 생태계 서비스가 어느 정도의 금전적 가치를 지니는지는 여전히 구체적으로 체감할 수 있는 수단을 찾지 못하고 있다.

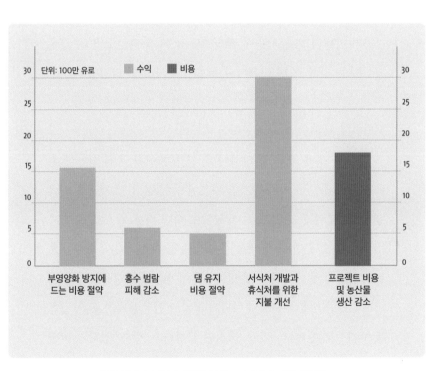

독일 엘베강 양쪽의 제방을 없애고 저지대 초지를 재건하는
프로젝트에서 연간 발생하는 수익과 비용[4]

이것은 환경문제에서 해결해야 하는 많은 난관 중 하나이다.

생태계 유지의 수익과 비용을 서로 비교할 때 놀랍게도 전체 수익을 다 계산해 넣지 않아도 이미 유지 쪽이 좋다는 결론이 나온다. 이것은 비용 쪽에 비중을 더 많이 둔 계산에서도 대부분 분명히 그러하다. 생태계 서비스의 금전화는 자연의 가치를 드러내고 나아가 자연보호 주장에 근거도 제공한다.

앞에서 했던 질문으로 다시 돌아가 보자. 자신이 앉아 있는 나뭇가지를 톱으로 자르는 격인 줄 알면서도 왜 우리는 생물 다양성을 위협하는 일을 그만두지 못하는가? 우리 자신이 앉아 있는 가지가 아니라 다른 사람이 앉아 있는 가지를 자르고 있는 경우가 많다는 것이 그 한 이유이다. 예를 들어 유럽의 저인망 어선들은 서아프리카 앞바다에서 어류를 과도하게 잡아 댄다. 그 대가는 모리타니, 세네갈, 기니 사람들이 치러야 한다.

페루도 피해 국가 중 하나이다. 전 세계에서 금에 혈안이 된 사람들이 페루 내 아마존 지역에 모여 들어 불법 금 채굴을 일삼고 있다. 금 광산을 열어 다 채굴하고 나면 다음 장소로 옮겨 가는 식이다. 그곳에 남아 계속 살아가게 될 다음 세대에게 수은으로 오염된 황무지를 남긴 채 말이다.* 이 정도면 톱질을 멈추는 문제가 단지 현명함의 문제가 아니라 정의 실현의 문제가 된다. 그런데 여기서도 생태계 서비스 가치의 금전화가 이루어진다면 예를

●   금 추출에 수은이 사용된다.

CHAPTER 10

218

들어 '총 허용 채굴량 할당 제도'를 요구하는 데 도움이 될 것이다.

집단으로서 '우리 모두'가 천혜의 생물 다양성에 의존하고 있음을 우리 사회는 대체로 인지하고 있다. 하지만 개인으로서 '우리 모두'가 생물 다양성의 훼손을 부르는 행동 양식에서 이득을 보고 있는 것 또한 사실이다.[5] 그러므로 우리는 개인의 도덕성에 의존해 각자가 옳게 행동해 줄 거라 기대하며 손 놓고 있을 수만은 없다. 서로 다른 이해관계를 조정할 수 있는 더 상위의 메커니즘이 필요하다.

이것은 생물 다양성 보호의 부담을 누가 떠맡느냐의 문제에서도 마찬가지이다. 생물 다양성이 문제가 되는 지역의 개인 혹은 정부에만 문제를 떠넘길 수는 없다. 지역의 생물 다양성이 그 지역을 넘어 우리 모두에게 중요하니까 말이다. 특히 생물 다양성이 큰 지역이 하필이면 세상에서 가장 가난한 나라들에 있다는 것을 고려할 때 더욱 그렇다. 우리에게는 생물 다양성 보호를 위해 이 나라들을 후원해야 할 의무가 있다.

유지하기와 바로잡기

우리에게 이제 시간이 없다고 이미 말했던가? 모든 전문가의 의견에 따르면 우리는 이미 제6차 대멸종의 초입에 와 있다. 매년 2,000종에서 1만 종 정도가 사라지고 있다고 추정하지만 10만 종일 수도 있다. 수치가 이렇게 들쭉날쭉한 것은 다시 말하지만 우리가 지구상에 종이 얼마나 있는지조차 아직 정확하게 모르기 때문이다. 하지만 지금 멸종이 신속하게 진행되고 있어서 대책이 시급한 것만큼은 분명하다. 어떤 착한 요정이 나타나 생물 다양성의 파괴라는 이 큰 위협에서 벗어나는 데 필요한 것 딱 하나만 들어주겠다고 하면 우리는 주저 없이 "열대우림의 파괴를 지금 즉시 막아 주세요!"라고 말해야 할 것이다.

열대우림을 지켜라

먼저 팩트 한 가지. 열대우림은 지구 표면의 2%에 불과하지만 세계 생물종의 약 50%가 살고 있다. 정의상 우림이 아닌 열대의 숲까지 계산한다면 생물종의 약 3분의 2가 지구 표면의 10%도 안 되는 곳에 살고 있는 셈이다.

연구에 따르면 나무종의 수가 다양할수록 숲이 저장할 수 있는 탄소량이 많아진다. 세계 나무종의 96%가 열대의 숲에 서식하며 세계 탄소 배출량의 약 25%를 자기 몸속, 그리고 땅속에 잡아두고 있다.[1] 그만큼 열대 숲 화전에 의한 탄소 배출은 기후변화와 그로 인한 생물 다양성 파괴를 심각하게 가속화하고 있다. 열대 숲의 파괴로 인한 탄소 배출이 매년 세계 탄소 배출량의 최소 15%를 차지한다. 우리가 당장 내일부터 화석 에너지 연료(석탄, 석유, 가스) 사용을 영원히 멈춘다고 해도 열대우림이 계속 지금과 같은 속도로 개간된다면 2100년까지 세계 평균 온도가 1.5℃ 올라갈 것이다.[2] 열대 숲의 보호는 생물 다양성을 위해서만이 아니라 기후변화에 대항하기 위해서라도 지금 당장 필요하다.

열대우림의 나무들은 뿌리로 대단한 양의 물을 흡수한 뒤에 이파리를 통해 수증기로 내보내면서 세계 물 자원까지 조절한다. 열대우림에 내리는 비의 약 65%가 이런 식으로 다시 대기 속으로 올라간다. 흔히 생각하는 것과 달리 비가 많은 곳이라서 열대우림이 생성되는 것이 아니다. 오히려 열대우림이 그곳 및 다른 곳에 비를 내리는 구름을 생성한다. 그렇게 열대우림에서 만들어지는 습기의 절대 적지 않은 양이 수천 킬로미터 떨어진 곳에 가서야 비로 하강한다. 예를 들어 미국 중서부에 내리는 비의 50%

가 아마존 숲에서 시작된다.

　유럽은 강수 상태가 극적으로 바뀌는 상황에 직면하지 않으려면 특히 아프리카 콩고분지 내 숲을 꼭 보호해야 한다. 콩고분지에서 시작되는 비가 결국에는 유럽의 식량 생산을 좌우할 수 있으므로 아프리카 우림의 파괴를 더 이상 관망하고만 있어서는 안 된다.

　착한 요정이라면 당연히 소원을 하나만 들어주지는 않을 테고 사실 꼭 그래야 할 것이다. 왜냐하면 정말로 지속 가능하고 살만한 환경을 확보하기 위해 생물 다양성 파괴를 막아야 하는 다른 분야도 여전히 많기 때문이다. 과도한 어업, 과도한 사냥을 그만두어야 하고 자연을 살충제투성이 농경지로 바꾸는 일도 그만두어야 하며 기후변화도 막아야 하고, 또… 그러기 위해서 우리가 할 수 있는 여러 합당한 조치들과 따라야 하는 과정들이 있다. 그리고 무엇보다 그런 일을 할 사람들이 있어야 한다.

경이로운 열대의 세계

열대는 우리가 사는 곳보다 분명 더 화려하다. 다양한 나비, 새, 개구리, 꽃으로 가득한, 유일무이한 색의 향연이 펼쳐지는 곳이지만 딱 그만큼 '녹색 지옥'이라 불릴 정도로 위험한 곳이기도 하다. 적도에 가까워질수록(그렇게 열대에 가까워질수록) 종이 점점 더 많아진다. 참고로 이것은 열대의 바다도 마찬가지이다. 그 이유에 대해서는 여전히 포괄적인 연구가 필요하다.

열대지방은 넓기도 넓지만, 무엇보다 일 년 내내 높은 기온과 강수량을 유지한다. 살을 에는 듯한 추위, 극단적인 계절 변화, 물 부족처럼 생물의 성장 과정을 늦추는 모든 요소가 열대우림 혹은 몬순 지역에는 전혀 없다. (참고로 열대의 외곽 지역에는 열대지방의 경계 안팎으로 매우 건조해지는 부분이 있다. 북회귀선이 가로지르는 사하라사막이 그 예이다.) 화석들을 보면 오늘날 존재하는 동물군 대부분이 열대지방에서 태어났음을 알 수 있다. 인간이 침투하기 이전에는 열대에서 멸종하는 종이 상대적으로 적었다. 그러므로 현대의 열대는 생물 다양성의 '요람'이자 '박물관'이다. 인간을 비롯해 어떤 종이든 여기서 표류하다가는 심하게 불편한 항로로 들어서게 될 것이다. 물론 높은 멸종률은 덤이다.

겨울이 없고 기온차도 심하지 않기 때문에 열대에 사는 생명체들은 늘 활발하다. 잎사귀가 떨어지기가 무섭게, 그리고 짐승의 시체가 생기기 무섭게 분해된다는 뜻이다. 빽빽한 녹색을 보면 당연히 토양이 기름질 것 같지만 영양이 풍부한 부식토는 (잦은 비로 쓸려 내려가므로) 애초에 만들어지지도 않는다. 그 결과, 끊임없이 빠르게 순환하는 환경 속 얼마 안 되는 영양소를 둘러싸고 치열한 경쟁이 벌어진다. 이를테면 '진화 아이디어 시합의 장'이 된다. 자원을 최적으로 이용하려면 영리한 접근법이 필요하다. 이런 경쟁이 수많은 종의 탄생을 불러왔다.

그래도 결국에는 최고의 '발명자'가 경쟁에서 이기고 그 지역을 지배하게 될 수도 있었다. 하지만 그런 일도 열대에서는 일어나지 않았다. 과학자들은 열대의 나무종들에게 그런 일이 일어나지 않은 것이 '천적'들이 너무 많아서 번식이 저지되었기 때문이라고 추측한다. 모수母樹에 서식하는 병원균과 해충이 그 배아가 바로 아래에서 자라는 것을 막으면서 다른 나무종을 위한 자리를 만들어 주었다. 이렇게 단조로움이 아닌 생물 다양성이 유지되었던 것이다.

유지할 조치들 ― 보호구역과 자연 서식지

6차 대멸종이 이미 시작되었다고 해도 지구는 여전히 눈부신 생물 다양성을 가진 행성이다. 그리고 그 지구에 사는 우리 인간은 개의 품종 정도는 개량하지만 새로운 동물종을 창조할 수는 없고 나무를 심을 수는 있지만 숲을 만들 수는 없으므로 지금 남아 있는 생물 다양성을 최대한 유지해야 한다. 일단 사라지고 나면 정말 돌이킬 수 없다.

이런 맥락에서 전문가들은 **보호구역**이 매우 중요하다는 데 의견을 같이한다. 보호구역에서는 다양한 동물종이 대거 살(아남을) 수 있을 뿐만 아니라 생태계 과정도 인간의 방해 없이 이루어진다. 보호구역이 중요한 휴식처인 동식물종이 많다. 보호구역 밖이라면 인간이 가만히 놔두지 않는 동물들이 특히 그렇다. 우리가 이 동물들을 가만히 놔두지 않는 것은 인간, 가축, 농사를 위협할 정도로 위험하고 크기 때문이다.

2019년 '세계 보호구역 네트워크'에 속하는 곳이 총 육지 면적의 15%, 총 바다 면적의 7%에 다다랐다. 2020년 말까지 각각 17%와 10%까지 올리는 것이 목표이다.

왜 우리랑 같이 못 살아?

보호구역을 늘리려는 이 정도의 노력만으로 충분한가에 대해서는 여전히 논쟁 중이다. 전문가 중에는 세계적으로 보호구역을 50%에서 심지어 75%까지 늘려야 한다고 주장하는 사람들도 있다. 하지만 최고의 해결책은 어쨌든 자연과 조화를 이루는 방식이 될 것이다. 앞에서 설명했던 혼합형 농림업처럼 생태계에 맞춘 농법, 사냥과 어업의 엄격한 통제, 환경 파괴가 부르는 금전적 손해에 대한 의식화가 여기서 우리를 크게 한 걸음 나아가게 해 줄 것이다.

독일은 (상대적으로 인구 밀집 국가임에도 불구하고) 놀랍게도 또 다른 가능성 하나를 보여 주고 있다. 독일은 큰 짐승들을 보호구역 밖에서도 잘 보호하고 있다는 점에서 모범 국가이다. 보호구역이 아닌 곳에서도 노루, 사슴, 늑대, 살쾡이 등과 같이 잘 살고 있다. 이 동물들을 보호구역으로 몰아넣으면 모르긴 몰라도 모두 멸종할 것이다. 이 동물들은 물론이고 지구상의 다른 모든 동물이 보기에는 인간이 자기들과 조화롭게 살지 못할 이유가 없다. 코끼리, 호랑이, 회색곰처럼 위험하다는 동물들도 마찬가지이다. 단지 우리 인간이 이들과 함께 사는 법을 다시 배워야 한다.

그런데 지금 보호되고 있는 곳이 앞으로도 무조건 보호될 거라는 보장이 없다. 예를 들어 2017년 미국에서는 당시 대통령 도널드 트럼프가 그랜드 스테어케이스-에스컬랜티와 베어스 이어스 같은 국가 기념물 보호구역을 각각 약 51%, 85% 축소했다.

보호구역 수만 늘린다고 생물 다양성이 무조건 좋아지는 것도 아니다. 보호구역은 생물 다양성이 좋은 곳을 중심으로 설정해야 한다. 이것은 당연한 말처럼 들리지만 연구에 따르면 인간에게 쓸모없는 땅을 그냥 보호구역으로 지정하는 나라도 적지 않다. 적어도 과거에는 해안이나 비옥한 땅처럼 인간이 좋아하는 땅은 거의 보호구역이 되지 못했다. 이 때문에 상당한 넓이의 보호구역이 이미 있다고 해도 다른 해안이나 비옥한 땅에서는 생물 다양성이 급격히 나빠져서 지금까지 양서류 22%, 조류 56%, 포유류 46%만이 살아남은 상태이다.

게다가 충분한 재정과 인력 자원을 보유하고 있는 보호구역은 세계적으로 약 4분의 1에 불과하다. 다른 많은 보호구역이 사실상 서류로만 존재하는 보호구역이고, 이른바 잘 관리되고 있다는 보호구역에서조차 모든 조류의 8%, 포유류의 9%만이 그 수를 제대로 보존하고 있다.[3] 그러므로 다른 대부분의 동식물종은 사실상 각자 알아서 살아남아야 하는 것이다.

종이 풍부한 곳(예를 들면 열대우림)을 제대로 보호구역으로 지정하고 탄탄한 재정으로 관리한다면, 그리고 앞에서 밝힌 대로 육지의 17%, 바다의 10%를 보호구역으로 지정할 수 있다면 지금의

약 30배로 다양한 동식물종과 균류를 보호할 수 있다.[4]

보호구역 밖에서도 다양한 조치로 종의 수와 종 내 개체 수를 유지할 수 있다. 여기서 우리의 목표는 종들이 인간의 도움이 이어지지 않아도 장기적으로 자신들의 자연 서식지에서 살아남을 수 있을 때까지 보호해 주는 것이다. 접근 금지 구역 지정으로 인간의 방해 최소화하기, 곤충과 새를 위한 둥지 마련해 주기, 바다거북 등의 보금자리 보호해 주기, 통상 제한 조치, 사냥·낚시·채집·벌목과 관련해 지속 가능한 방식으로 이용 가능한 지역 설정하기 등을 확정해 볼 수 있다. 서식지를 건강하게 유지하기 위한 오염 물질 배출 제한, 건축 규제, 개발 규정 같은 조치들도 당연히 추가되어야 할 것이다. 그래야 종의 보호가 그 종들의 천연 서식지 안에서 성공적으로 이루어질 것이다. 이것을 우리는 '자연 안에서의' 종 보호라고 한다. 반대로 '자연 밖에서의' 보호도 동물원이나 종축장 같은 곳에서 이루어질 수 있다.

바로잡을 조치들 — 생태계 재생과 자연 밖 보호

인간이 모든 곳에서 자연적 과정에 침투해 있으므로 생물 다양성을 되찾기에는 많은 영역에서 이미 너무 늦었을지도 모른다. 하지만 그렇다고 해도 가장 심한 파괴를 막는 조치들은 지금이라도 취할 수 있고 또 취해야 한다. 그러기 위해서는 두 가지 접근법을 생각해 볼 만하다. 첫째, 생태계를 재생해 다시 자연적인 상태에 가깝게 만든다. 둘째, 만약 최소한의 서식지라도 여전히 자연 상태로 남아 있다면 인간의 비호 아래 종들을 길러 낸 다음, 자연으로 돌려보내 준다(이것은 앞서 언급한 '자연 밖에서의' 종 보호에 해당한다).

생태계 재생

북반구 온대 지방이라면 지나치게 숲을 개간하고 하천을 정돈하고 습지를 메운 지 이미 오래되었다. 이 모든 것이 그 각각의 생태계 내 생물 다양성을 침해했고 부분적으로는 극단적인 결과를 부르기도 했다.

전문 용어로 '잠재적 식생'Potential natural vegetation•만 보면 독일은 원래 거의 모든 땅이 숲으로 뒤덮여야 하는 나라이다. 하지만 지금까지 그 숲의 3분의 2가 사라졌다. 그렇다고는 해도 독일은 여전히 유럽에서 숲이 많은 나라에 속하고 세계적으로 19세기 이래 숲이 다시 늘고 있는 몇 안 되는 나라 중 하나이다(2002년에서 2012년까지 0.4% 늘어남).[5]

하지만 독일에서 아직도 나무가 빽빽하다는 땅도 사실 엄밀히 말하면 숲이라고 볼 수 없는 땅이다. 원래 숲이라는 말은 한 지역에서 자연스러운 방식으로 생겨나는 식물군과 나이 구조를 가진 나무 중심의 생태계를 뜻하지, 인간이 심어서 만들 수 있는 것이 아니기 때문이다. 독일의 산림은 대부분 인간이 나무종의 구성을 결정해 만든 것이지 자연스러운 방식으로 생겨난 것이 아니다.

● 인간의 간섭이 없다는 전제로 예상되는 식물 집단의 번성.

생태학적 산림 개조를 통해 단조로운 숲을 다시 자연에 가까운
활엽수 혼합림으로 바꿀 수 있다.

'산림 경영'이라는 명목의 간섭이 없었다면 독일의 숲은 대체
로 너도밤나무가 주도적인 활엽수 혼합림이 되었을 것이다. 자
연 상태라면 소나무, 가문비나무, 전나무로 이루어진 침엽수림은
높은 산악 지대나 (예를 들어 늪지 같은) 얼마 안 되는 특수 지역에서
나 가능했을 것이다. 하지만 현재 독일의 숲은 너도밤나무가 약
세인 상태이고 침엽수가 56%까지 장악했으며, 그중 가문비나무
가 25%를 차지한다. 그런데 가문비나무가 사실은 기후변화, 가
뭄, 홍수에 대한 저항력이 그다지 좋지 않기 때문에 현재 이 나무
들을 뽑아내고 다양한 활엽수를 다시 심는 생태학적 산림 개조가
이루어지고 있다. 이것은 생물 다양성에도 좋고 기후변화에 대한

숲의 저항력도 길러 주는 일이다.

이런 생태학적 산림 개조 후에 숲이 인간의 간섭 없이도 계속 번성할 수 있다면 생물 다양성에 당연히 좋을 것이다. 이것은 2019년 초 독일 전체 숲의 2.8%에서만 가능한 일이었고 2020년 말까지 그 수치를 4%로 올릴 예정이다.[6] 독일 연방은 인간의 간섭 없이 스스로 번성하는 숲이 최소 10%는 되어야 한다고 보고 있다.

독일의(그리고 당연히 세계의) 하천도 지속 가능한 방식으로 재생하는 조치들이 필요하다. 배들이 다닐 수 있게 하기 위해 작은 하천을 포함해 수많은 하천이 과도하게 직선으로 정비되었다. 그래야 국경선을 긋기 쉽고 물을 더 빨리 흐르게 할 수 있기 때문이다. '수로'라는 말이 더 어울리게 되어 버린 라인강, 마인강, 도나우강, 엘베강처럼 넓은 면적을 차지하는 강들은 이제 사실상 재생이 불가능하다고 해도, 다른 큰 강이나 시내 등을 부분적으로 재생하는 일은 아직 가능하고 또 의미 있는 일임이 분명하다. 5장에서 설명했듯이 구불구불 자연스럽게 흐르는 하천은 홍수를 막아 주고 지하수를 채워 준다. 자연 상태 하천의 바닥 및 가장자리는 수많은 동식물종의 서식지가 된다. 독일의 하천 중 0.1%만이 생태학적으로 '매우 좋은 상태'이며 그 아래 단계인 '좋은 상태'의 하천도 9%에 지나지 않는다.[7]

하천 재생이란 물길을 원래대로 되돌리고 양옆과 바닥의 단단한 인공 부착물들을 제거하여 토착 식물들을 다시 심는 것이다.

수질이 허락한다면 그에 맞는 동물들도 살게 할 수 있다. 이 모든 조치에는 돈이 매우 많이 들어서 하천 재생은 면적 대비 가장 비싼 자연보호 조치에 해당한다. 하천 1km당 재자연화에 60만 유로 이상이 들어간다.[8] 하지만 인위적인 홍수 방지 조치, 수질 정화 및 관개 시설 관리, 동식물종의 보호에 매년 들어가는 비용과 비교해 보면 어차피 대부분 얼마 안 가 상환하고도 남는다.

습지 재생도 중요한 과제이다. 습지는 이미 수백 년 전부터 토탄土炭•채굴을 위해, 혹은 농지를 더 많이 확보하기 위해 간척되었다. 150만 헥타르에 달했던 독일의 습지 중 현재 약 5%만이 천연 그대로의 모습을 간직하고 있다. 간척으로 얻을 수 있었던 이점을 이제라도 환경을 생각해 포기한 습지라고 해도, 이미 존재하는 배수망 탓에 지금도 여전히 물은 계속 빠지고 있다. 습지 내부에 저장되어 있던 대단한 양의 탄소가 그렇게 공기 중의 산소와 만나 엄청난 양의 이산화탄소를 배출한다. 그러므로 습지를 재생하고 기존 배수망도 닫아야 한다. 그럼 습지는 다시 물기를 머금을 수 있고 습지에 특화된 희귀 동식물군도 다시 돌아올 수 있다. 그리고 탄소를 습지 안에 묶어 둘 수 있으므로 독일에서만 해도 약 3,500만 톤의 치명적인 온실가스 방출을 막을 수 있다.[9]

• 이끼나 벼 같은 식물이 습한 땅에 쌓여 분해되어 만들어진 석탄으로, 연탄의 원료로 많이 쓰인다.

자연 밖 보호

자연적인 서식 공간 밖에서의 보호 또한 생물 다양성 보존을 위해 해야 할 중요한 일이다. 국제자연보전연맹에 따르면 이미 멸종한 동식물 73종이 현재 인간의 보호 아래 살아가고 있다. 그중에는 와이오밍두꺼비Anaxyrus baxteri처럼 사육장에서도 계속 그 수가 줄어드는 종도 있고 하와이안까마귀Corvus hawaiiensis처럼 즐겁게 잘 번식하는 종도 있다.

이렇듯 우리가 돌이킬 수 있는 훼손도 많이 있다. 하지만 그렇다고 모든 종을 이런 방식으로 보존할 수 있다고 착각해서는 안 된다. 번식에 충분할 정도의 개체 수를 보유하기에는 그냥 덩치가 너무 큰 종도 많기 때문이다. 한 종의 번식에 장기적으로 성공하려면 40세대까지는 이어지도록 해야 하는데, 그러기 위해서는 척추동물의 경우에 개체 수 약 7,000마리가 필요하다. 많은 종이 이미 그보다 훨씬 줄어든 상태이거나(예를 들어 산악고릴라), 그 정도로 한꺼번에 많이 사육하기에는 공간이 너무 부족하다(북극곰). 큰고래종이라면 한 마리도 사육하기 어렵다.

세상에서 가장 큰 새들을 구하는 일

세상에서 가장 큰 새들 중 하나인 캘리포니아콘도르Gymnogyps californianus도 1980년대에 그렇게 거의 사라질 뻔했다. 밀렵, 농약 중독, 납중독(납으로 된 탄약을 맞아 죽은 야생동물을 먹은 탓)에 서식지조차 파괴되었기 때문이다. 1982년, 캘리포니아콘도르는 인간이 기르고 있던 수까지 합쳐서 전 세계에 단 23마리로 줄어들어 있었다.[10] 1987년 부활절에 마지막 야생 콘도르가 잡혔다.

그 후, 한 동물종을 위한 프로젝트 중에서는 유례없이 비싸고 오래 걸리는 구조가 시작되었다. '캘리포니아콘도르 회복 계획' 프로젝트는 캘리포니아와 애리조나 각각에 알을 낳을 수 있는 개체 최소 15쌍을 포함한 150마리를 성공적으로 정착시키는 것이 목표였다. 일련의 동물원들이 이 프로젝트에 참가해 나중에 다시 이주시킬 콘도르의 번식에 온 힘을 기울였다. 결코 만만한 일은 아니었다. 캘리포니아콘도르는 일 년에 알을 하나씩만 낳았다. 게다가 인간과

23마리에서 518마리까지 늘어난 캘리포니아콘도르

쉽게 교류했는데 인간과 친해지고 나면 짝짓기 상대를 거부하곤 했다. 또 알을 낳으려면 여섯 살이 될 때까지 기다려야 했고 전깃줄이 위험하다는 것도 알아차리지 못했다. 이 모든 문제를 하나씩 해

결한 끝에 1991년부터 콘도르들이 한 마리씩 야생으로 보내졌다. 2019년 말에는 세계적으로 518마리까지 번식했다. 그중에 337마리가 야생에서 살았고 2019년에는 새끼를 열네 마리 낳기도 했다. 멋진 일이었다! 성공했으니까 말이다. 하지만 이 프로젝트에 지금까지 3,500만 달러가 들어갔다. 지금도 매년 200만 달러가 들어간다. 이제 우리는 콘도르의 서식지를 보호하고 있고 납 탄약은 금지되었으며 전깃줄도 위험하지 않게 해 두었다. 하지만 이 새가 멸종 위기에 처하기 전에 이런 일들을 했더라면 그 많은 돈을 구조에 쏟아붓지 않아도 되었을 것이다.

그렇다면 동식물의 온전한 형태가 아니라 유전자만 보존하는 것에서 희망을 찾을 수 있을까? 우리는 이제 정자, 난자, 세포는 물론 태아까지 액체 질소 안에 동결할 수 있다. 동결된 표본으로 그 각각의 종을 '되살릴' 수 있다. 하지만 이 경우에 유전적 다양성은 기대할 수 없다. 따라서 결과적으로 생물 다양성 유지에 성공적으로 기여하기보다는 희귀 생물 박물관으로 끝나기 쉽다.

최후의 모녀

나진과 그녀의 딸 파투는 북부흰코뿔소*Ceratotherium simum cottni* 중에서 살아남은 최후의 두 마리이다. 북부흰코뿔소는 과거에 (차드, 콩고, 우간다, 수단의) 동부아프리카와 중앙아프리카에서 번식했었다. 파투의 아버지 사우트는 2006년에 죽었다. 2018년 최후의 수컷 북부흰코뿔소인 수단도 영면했다.

2019년 8월 나진과 파투에게서 각각 난자 다섯 개씩을 추출해, 어느 수컷이 죽기 전 채취해 두었던 정자와 수정시켰다. 그중에 두 개가 살아남을 정도의 태아가 되었다. 2020년 1월 15일, 파투의 난자로 세 번째 태아가 수정되었다. 이 세 태아 모두 액체 질소에 동결한 다음, 적당한 대리모를 찾을 때까지 기다리기로 했다. 아마도 남부흰코뿔소*Ceratotherium simum simum* 중에서 찾게 될 듯하다. 나진과 파투는 더 이상 새끼를 품을 수 없다.

이 구조 작업도 매우 비쌌고 지금도 진행형이다. 대리모 찾는 일이

지구상에 단 두 마리 남은 북부흰코뿔소

성공할지는 아무도 모른다. 그렇게 해서 건강한 북부흰코뿔소가 태어난다고 해도 표본 하나로는 종을 구제할 수 없다. 계속 인공 수정을 하거나 수컷이 태어나 자연 수정을 시도해도 동종 교배를 피할 수는 없고, 그럼 유전적 다양성이 절대적으로 부족하므로 생존 가능성이 높은 건강한 개체의 탄생은 불가능하기 때문이다.

이와 대조적으로 식물의 씨앗은 말리기만 하면 오래 보존할 수 있다. 씨앗 은행을 만들어 유전자 정보를 보존할 수 있고 식물원이나 온실보다 작은 장소로도 충분하다. 하지만 3장에서 살펴보았듯이 이 과정에도 한계는 있다.

이 모든 조치는 지금의 상황에서 우리가 할 수 있는 일종의 보험 조치로 훌륭할 뿐이다. 반복하는 것 같지만 가장 간단하고 가장 확실한 해결책은 여전히 처음부터 종이 사라지지 않게 하는 것이다.

제대로 '계산'하기 — 지속 가능한 생태계 경영

앞의 장들에서 여러 번 보았듯이 인간의 경제적 관심이 생태계의 파괴를 부르긴 하지만, 생태계의 여러 기능도 높은 경제적 가치를 가진다면 생태계를 장기적으로 유지하면서 경제적으로 이용하는 쪽으로 돌아서는 것도 분명 가능할 것이다.

이런 지속 가능한 생태계 경영을 위한 열쇠는 먼저 생태계를 유지하는 쪽으로 이용하는 것이 경제적으로 매우 매력적인 일임을 모두가 인지하게 하는 것이다. 그러므로 우리는 먼저 생태계가 우리를 위해 해 주는 서비스들을 전면으로 드러내야 한다. 복잡한 계산, 예측 모델 등이 필요하므로 늘 쉽지만은 않은 일이다. 하지만 때로는 자연을 지속 가능한 방식으로 경영할 때 돈이 덜 든다는 사실을 보여 주는 것만으로도 충분하다. (5장에서 보았던) 베트남 새우 양식의 경우처럼 자연 생태계의 서비스를 차단해 버릴 때 오히려 돈이 더 많이 들어간다. 자연 상태의 맹그로브라면 새우를 위한 먹이와 항생제에 돈을 쓰지 않아도 된다. 우리는 농축 사료, 비료, 살충제, 항생제와 함께 지난 수십 년간 해 오던 방법이 과연 정말 꼭 필요한가라고 질문해 볼 필요가 있다. 그렇게 일단 질문하기 시작한다면 실제로 자연이 할 수 있는 일들을 다시 보게 될 것이고 그럼 다시 제대로 계산할 수 있을 것이다.

카카오 농부들의 도전

중부 유럽에서는 농경지를 만드느라 숲이 많이 파괴되었다. 유럽 사람들은 이렇게 땅의 용도를 변경하는 법을 열대지방에도 수출했다. 생물 다양성이 매우 좋은 열대우림의 숲들이 대단위로 크고 작은 단조로운 땅으로 바뀌고 있다. 하지만 수많은 열대의 농산물과 커피, 카카오 같은 수익 좋은 수출 상품도 이른바 혼합형 농림업으로 경작할 수 있고, 그렇게만 한다면 생물 다양성도 보존할 수 있으며 지역민들의 삶의 수준도 올릴 수 있다.

페루의 어느 작은 카카오 협동조합 농부들이 안데스산맥 동쪽 비탈 지역의 악화된 땅에서 혼합형 농림업을 시작했다. 먼저 이들은 농부들이 경작할 수 없는 땅이라고 포기한 땅에서도 잘 자라는 풀들을 심었다. 그렇게 땅이 '초록 카펫'으로 덮이자 그 사이사이에 카카오나무와 거의 70%까지 토종인 나무들을 심었다. 작은 나무들이 풀 층 위로 자라자 햇빛을 못 받은 풀 층이 공기 중의 질소를 대거 흡수해 토지를 비옥하게 만들었다.

빠르게 크는 건축용 나무와 천천히 자라는 비싼 목재용 나무 사이에서 번성하는 것은 카카오나무만이 아니었다. 풀 층 덕분에 인공 비료가 필요 없는 땅이 되었으므로 이제 과일, 채소, 향신료 등도 함께 자랐다. 농부들이 직접 먹기도 하지만 지역 시장에 내다 팔 수도 있는 것들이다. 땅의 풀들이 카카오꽃의 수분자인 작고 예민한 좀모기들에게 멋진 생활 조건을 제공하므로 카카오나무는 열매를 더 많이 맺는다. 단일경작지에서 문제가 되는 질병들은 수많은 곤충, 특히 사상균 박테리아를 제거하는 특정 개미들이 저지한다. 덕분에 위험한 살충제를 쓸 필요도 없다. 그렇게 새로 생성된 생태계가 비옥한 토지를 유지하므로 카카오 농경지 확보를 위해 천혜의 숲을 불태울 필요도 없다.

종의 다양성이 살아 있는 이런 혼합형 농림업은 결국 다른 단일경작지보다 더 많은 카카오를 산출할 뿐만 아니라 다양한 유용 작물을 기를 수도 있어서 소규모 농부들의 삶의 질과 수익도 올려 주며 생물 다양성도 촉진한다. 이것이 다 이전에 황무지였던 곳에서 일어난 일이다!

생태계 이용을 위한 새로운 '사업 모델'을 찾아내는 것도 좋은 방법이다. 혼합형 농림업을 통해 농산물을 지속 가능한 방식으로 생산할 수도 있고 지난 몇 년 동안 수많은 단체가 증명했듯이 지속 가능한 여행을 실천하며 많은 지역의 생물 다양성을 지켜 줄 수도 있다. 코스타리카가 그 선구자적인 좋은 예이다. 자연보호구역과 지속 가능한 여행 콘셉트를 연결할 수도 있다. 사회 기반 구

벨기에의 자연보호구역인 호헤스 벤.
판자 다리를 놓은 덕에 고층 습원을 둘러볼 수 있다.

조가 잘되어 있다면 관광 여행 산업은 지역민들에게 밀렵보다 훨씬 더 좋은 수입처가 된다. '보상 증명서 판매'●도 (습지나 숲처럼) 생물학적 가치가 높은 곳을 유지하려고 노력하면서 돈을 벌 수 있는 한 방법이다.

그러므로 꼭 인간 출입 금지 구역을 늘려야만 생물 다양성을 지켜 줄 수 있는 것은 아니다. 우리는 단지 자연의 지속 가능했던 전통을 지켜 주기만 하면 된다. 이 말은 생태계가 자연적으로 복구될 수 없을 정도로 훼손해서는 안 된다는 뜻이다.

● 환경보호 사업 인증을 받은 사업체가 그러지 않은 다른 사업체들에 증명서를 파는 것을 말한다. 증명서 판매자는 사업 자금을 얻고 구입자는 자신의 상품을 생산하면서 배출한 환경오염 물질에 대해 금전적으로 보상했음을 밝힐 수 있다.

필요한 건 팀플레이

지금까지 인류의 기반을 위협하는 생물 다양성 파괴를 막기 위해 당장 해야 할 일들을 살펴보았다. 그럼 이제 "누가 할 것인가?"를 생각해 봐야 할 때이다. 물론 모두가 해야 한다. 예외는 없다. 정치인, 경제인, 시민사회 모두가 각자 다른 숙제를 잡고 역할을 분담하며 생물 다양성을 되돌려야 한다. 이 장에서는 그렇게 우리가 해야 할 일들을 '규칙,' '돈,' '중요도'라는 세 가지 키워드를 중심으로 요약해 보려 한다.

세계적 협약으로 '규칙' 정하기

생태계에는 국경이 없고 동식물에게는 국적이 없다. 그러므로 생물 다양성 보호에 대한 규칙은 국가를 초월할 때만 의미가 있다. 다행히 세계의 국가들은 이러한 사실을 이미 오래전부터 잘 이해했다.

1960~1970년대에는 '야생의 천연 원료로 만든 상품들'이 인기가 많았다. 악어가죽 가방, 코끼리 다리 우산꽂이, 표범 털 코트, 열대지방의 나무로 만든 가구 등이 잘 팔렸다. 그만큼 많은 종이 순식간에 죽어 나갔고 급기야 멸종 위기에 이르렀다. 그래서 1973년, 멸종 위기에 처한 야생 동식물이 국경을 통과하는 문제에 대한 국제적 협약이 이루어졌다. 이른바 **워싱턴협약**이라고도 불리는 '멸종 위기에 처한 야생동식물종의 국제거래에 관한 협약'(CITES)이 그것이다. 이 협약은 과도한 상업적 이용에 의한 야생 동식물의 멸종을 막기 위해, 야생 동식물 각각의 전부 혹은 일부를 국제적으로 거래하는 행위를 규제한다.

워싱턴협약은 당장 멸종될 것 같은 몇 가지 종은 상업적 거래를 완전히 금지했고 다른 멸종 위기에 처한 종들과 희귀 동물들은 지속 가능한 방식임이 증명되어 허가받은 한에서만 거래할 수 있게 했다. 오늘날 워싱턴협약에 서명한 나라는 183개국에 이른다. 이 나라들에서는 워싱턴협약이 법적 구속력을 갖는 국제법에 해당한다. 협약 실행의 의무는 각 나라의 관청에 있고, 독일의 경우에는 독일연방자연보호청에 있다. 결과적으로 고래 고기와 악어가죽의 거래를 금지했던 것이 생물 다양성 보호 협약을 성공으로 이끌었다. 고래와 악어를 원료로 하는 상품은 1970년대에 거의 사라졌고 따라서 생물 개체 수도 다시 늘어났다. 하지만 당연히 문제가 다 해결되지는 않았다. 우리는 이 협약이 국제 거래에만 해당한다는 점을 잊어서는 안 된다.

멸종 위험에 처한 동식물의 국내 거래, 혹은 영해에서 멸종 위기에 처한 동물을 잡거나 죽이는 행위에 대한 규제는 이 협약에 포함되지 않았다. 그리고 멸종 위기종들이 사는 생태계를 보호하는 문제도 협약 내용에 없다.

이런 구멍을 메우고 다른 산재한 환경문제에도 단호한 조치를 내리고자 1992년 리우데자네이루에서 유엔환경개발회의가 열렸고 이 회의에서 **생물다양성협약**이 체결되었다. 이 협약 아래 다음과 같은 세 가지 목표가 세워졌다.

(1) 종, 유전자, 생태계 수준의 다양성을 유지할 것
(2) 위 세 가지 것의 구성 요소들을 지속 가능한 방식으로 이용할 것
(3) 유전적 자원의 이용에서 얻은 이점을 공정하게 분배할 것

조개는 기념품이 아닙니다

공항 세관의 물품 보관소는 희귀 물건 박물관과 흡사하다. 코끼리 가죽 혹은 코브라 껍질로 만든 지갑을 가져오는 여행객은 이제는 다행히 드문 편이다. 하지만 보호종에 속하는 선인장, 산호초, 조개, 새의 깃털 등은 여전히 여행 가방 속 단골손님들이다. "이미 죽어 있었어요" 혹은 "해변에서 그냥 주운 겁니다" 같은 말은 전혀 먹히지 않을 것이다! 현재 워싱턴협약에 따르면 세계적으로 거래

가 완전히 금지된 종이 거의 830종이고 수출 허가가 필요한 종은 3만 3,000종에 이른다. 이 협약을 위반하여 갖고 온 물건은 압수당하며 벌금을 물거나 심지어 형사소송 절차를 따라야 할 수도 있다. 몰랐다고 해도 마찬가지이고 판매자가 위조해서 준 수출 허가증을 보여 줘도 소용없다(참고로 수출 허가증은 그 지역 관할 관청에서 적법한 과정을 거쳐야만 받을 수 있다). 조금이라도 의심이 든다면 그냥 사지 않거나 세관 앱으로 들어가 허락 혹은 금지 품목을 확인해 보기 바란다.

기본적으로는 "자연의 것이라면 단지 그 일부라고 해도 괜히 집으로 갖고 와서 먼지만 쌓이게 하니 그냥 원래 그 장소에 두어야 한다"가 원칙이다. 여행자들이 덜 찾고 덜 사게 되면 자연히 덜 잡히고 덜 수집되고 무엇보다 덜 죽게 될 것이다!

생물다양성협약은 자연을 보호하며 인간을 위한 자연적인 생활 기반을 확보하기 위한 국제 협약이다. 그리고 이른바 총괄협정이므로 '당사국 총회'의 의결과 의정서(예를 들어 유전적 자원을 다루는 방법에 대한 나고야의정서)를 통해 다시 구체화된다. 따라서 당사국들은 각각 자국 내에서 생물 다양성을 위한 전략과 그에 따른 행동계획을 세우고 국가법으로 정착시킬 때에, 당사국 총회에서 결정한 목표치에 도달해야 할 법적인 의무가 있다.

하지만 그 모든 좋은 의도와 법적 구속력에도 불구하고 이 협약에는 필요시 당사국들에게 그 전략들을 실행하도록 촉구할 엄정한 제재 메커니즘이 없다.

자연보호, 이제는 '공격적'으로

독일 연방 정부는 2007년 '생물 다양성을 위한 국가 전략'을 수립했다. 그 안에는 모든 관련 주제들에 대한 약 330개의 구체적이고도 야심 찬 목표들이 들어 있다. 예를 들어 "2020년까지 독일 땅 2%에 해당하는 땅의 자연을 다시 야생의 상태로 돌아갈 수 있게 해 인간의 침해 없이 그것만의 적법성에 따라 발전할 수 있게 한다"라는 목표도 있다(여기서 2%가 단지 숲만을 의미하지는 않는다).

이 목표들에 얼마나 도달했는가는 일련의 적당한 척도와 관련 경위 보고서를 통해 정기적으로 조사되었다. 그리고 2014년 검사 보고서가 너무 실망스러웠던 탓에 그다음 해에는 긴급 행동 조치 40개가 포함된 '**공격적 자연보호 계획 2020**'이 작성되었다. 그리고 2017년에 작성된 경위 보고서를 보면 대략 다음과 같이 요약되어 있다. "지속 가능한 임업과 지형 세분화(그것을 통해 환경문제에 좀 더 철저히 대응하기) 분야는 상태가 아주 좋아 보인다. 하지만 예를 들어 하천 상태, 생태학적 농업, 농경지 확장의 문제, 질소 오염 같은 다른 분야들에서는 대체로 안타깝게도 목표치에 훨씬 미치지 못하고 있다. 다만 긍정적인 추세에 있음은 분명하고 따라서 '공격적 자연보호 계획'이 최소한 방향만은 제대로 잡고 있다는 희망을 준다."[1]

하지만 생물 다양성만큼은 심각하게 예외인 상태이다. 목표 수치

(1975년 상태로 돌아가는 것)로 조금씩이라도 나아가고 있기는커녕 반대 방향으로 가고 있다. 그러므로 우리에게는 여전히 할 일이 많다!

최초 국제 총괄 협정의 효과가 매우 미미하다는 점이 2000년대 초에 이미 분명해졌으므로 2010년 (일본 나고야 아이치현에서 열린) 제10차 당사국 총회에서 10개의 구체적인 목표들로 이루어진 10년 계획, 이른바 아이치 목표가 세워졌다. 안타깝게도 지금까지 달성하지 못했으므로 아이치 목표는 이제 2020년 중국 베이징에서 열릴 예정인 제15차 당사국 총회에서 더 강한 새로운 목표들로 대체되어야 할 것이다.•

이 모든 상황이 실망스러운 건 어쩔 수 없지만 그렇다고 생물 다양성협약과 이 협약으로 공식화된 공동의 비전을 과소평가해서는 안 된다. 그 실행이 참으로 더디더라도 더 나은 대안이 있는 것도 아니기 때문이다. 생물 다양성 보호를 위한 국제 협약이 없다면 공인된 보호구역이나 생태계를 지속 가능한 방식으로 이용하는 모델들도 분명 지금보다 훨씬 적었을 테고 기초가 되는 과학적 자료도 많이 부족했을 것이며 무엇보다 생물 다양성 주제

• 제15차 당사국 총회는 코로나로 인해 연기되어 2021년 10월 중국 쿤밍에서 1부(온라인)가 개최되었고, 2022년 2부가 예정되어 있다. 1부 회의에서는 '포스트-2020 글로벌 생물다양성 프레임워크'의 채택과 이행을 촉구하며 17개의 약속을 담은 '쿤밍 선언'이 채택되었다.

자체의 위상도 지금보다 매우 낮았을 것이다. 그리고 우리 주변에서 벌어지고 있는 환경 이슈에 대해 아마도 지금보다도 훨씬 덜 알게 되었을 것이다.

마침내 이 사안이 얼마나 긴급한지 사람들이 충분히 인지하고, 따라서 생물 다양성 보호를 위한 의지가 크게 일어날 수밖에 없는 때가 오면(생물 다양성이 매일 더 나빠지고 있으므로 그때가 멀지 않았다고 본다), 지도자들은 최소한 생물다양성협약을 법적인 확신과 도구로 삼고 즉각적인 행동을 할 수 있다. 덧붙여 당사국 총회를 통해 공통 목표치에 얼마나 도달했는지 정기적으로 점검할 때, 우리는 지금까지의 조치들이 충분하지 못했고 더 강력한 조치들이 있어야 함을 계속해서 확인할 수 있다. 생물다양성협약의 비전을 포기하지 않고 목표치를 계속 상향조절하는 한, 부단한 조정은 분명 의미 있는 일이며 생물다양성협약도 효과가 아주 없다고 할 수는 없는 것이다.

생물다양성협약의 의무가 낳은 중요한 방침이 하나 있는데 바로 **동식물 서식지 확보의 방침**(FFH)이다. 야생에 사는 종들과 그들의 서식지를 보호하며 유럽 내 서식지 네트워크를 확보하겠다는 것인데, 기본적으로 서식지가 보호되어야만 종이 유지될 수 있기 때문이다. 일단 유럽연합의 **조류 보호 지침**The Birds Directive에 따라 확정된 보호구역들을 서로 연결하는 네트워크인 **나투라 2000**Natura 2000을 구축하는 것이 그 목표이다. 동물들(특히 철새들)은 국경이라고 멈추지 않고 전체 경로가 오염되지 않아야 하므로 유럽 전역에 걸친 네트워크 구축은 매우 의미 있는 일이다. 황새가 스페인에서 출발해 프랑스 알자스 지방까지 와야 하는데, 그 길에서 개구리나 쥐가 사는 들판을 좀처럼 만날 수 없다면 독일 북부 우커마르크까지 올라갈 일은 더더욱 없을 것이다. 나투라 2000에 속한 보호구역을 가진 나라들은 FFH가 정한 중요 종과 서식지의 '양호한 보존 상태'에 대해 책임을 다하고 그것을 6년마다 협회에 보고할 의무가 있다. 매우 적절한 집안 관리가 아닐 수 없다.

극제비갈매기의 마일리지는?

마일리지가 2만 8,000이면 해먹을 주고 3만이면 여행용 트렁크를 준다고? 대형 항공사들의 상시 고객용 보너스 카탈로그에 등장하는 이런 상품들을, 극제비갈매기라면 이용하기가 쉽지는 않겠지만 어차피 매년 그보다 훨씬 더 많은 마일리지를 쌓을 테니 그 정도 상품으로는 만족하지도 않을 것이다. 30년이나 사는 극제비갈매

마라톤 비행 고수, 극제비갈매기

기는 사는 동안 250만 킬로미터를 토마토 주스와 영화 감상도 없이 주파한다. 약 100g 정도 나가는 이 새는 겨울은 남극에서 보내고 여름에 북극에서 알을 부화한다. 남극에서 북극까지 직선으로 날아간다고 해도 이미 매년 3만 5,000킬로미터를 주파하는 셈이다. 하지만 이 새들은 직선이 아니라 S자 형태로 날아가므로 매년 9만 6,000킬로미터를 주파한다! 이 마라톤 비행 덕분에 극제비갈매기는 매년 8개월 동안이나 백야의 하늘을 난다. 밝은 밤은 먹이를 잡아먹기에도 좋다.

유럽 전역의 보호구역도 부족할 만큼 더 멀리 이동하는 종도 많다. 이 때문에 1979년 '**이동성 야생동물 보호에 관한 본 협약**'The Bonn Convention이 이루어졌다. 2019년 기준 130개국이 이 국가들 사이를 이동하는 종과 그 서식지를 보호하기로 약속한 상태이다.

이런 국제 협약으로부터 성공적인 결과를 도출하려면 앞에서도 언급했듯이 각국이 법적 토대들을 구축해 나가야 한다. 독일에서 자연보호를 위한 가장 중요한 법적 토대는 당연히 독일연방자연보호법(BNatSchG)이다. 독일연방자연보호법은 생물다양성협약, '동식물 서식지 확보의 방침'은 물론 '조류 보호 지침'까지 모든 합의를 위한 실행법이다. 제1조부터 이미 생물 다양성을 보호하겠다는 분명한 공언으로 시작한다(아래 박스 내용 참조). 그다음 조항들은 특히 종과 서식지 보호, 자연 및 경관 훼손 보상법, 서식처 연결 및 네트워크 만들기, 바다 자연의 보호를 다루고 있다.

> **독일연방자연보호법**
>
> 제1조. 자연 및 경관 보호의 목적
>
>> 제1항. 자연과 경관은 그 자체로 가치가 있고 인간의 삶과 건강에 근간이 되고 미래 세대를 위해 우리가 책임져야 할 부분이므로 인간의 정주 공간 및 비정주 공간에서 다음의 각각을 위한 여러 조치에 따라 보호되어야 하며 그 결과, (1) 생물 다양성, (2) 재생력을 포함한 자연 자산의 기능과 서비스, 그리고 자연 자원을 지속 가능한 형태로 이용할 수 있는 능력, (3) 다양성, 고유성, 아름다움 및 휴양의 전제로서의 자연과 경관이 장기적으로 보호되어야 한다. 이 보호는 관리, 개발, 필요시 재건도 포함한다(일반 원칙).

자연보호법을 위반하면, 이익 충돌이 크더라도 분명한 제재가 가해진다! 따라서 보호 가치가 있는 동식물종의 서식지가 위험해지거나 파괴된다면 언제라도 건축 공사가 중지될 수 있다. 두꺼비 한두 마리 살리겠다고 인간 공동체에 중요한 상공업지구 건설을 포기해야 하냐고 불평하는 사람도 있을 것이다. 그 말도 맞는다. 우리는 두꺼비 한두 마리 살리려고 대형 공사를 중지할 필요는 없다. 하지만 그 한두 마리의 두꺼비가 목숨 걸고 지키고 싶어 하는 최소한의 서식지가, 생물 다양성을 건강하게 유지하는 데 지금 당장 꼭 필요하므로 중지해야 한다. 문제는 생물 다양성을 해치는 몇몇 조치들이 아니다. 지구가 휘청이는 것은 생물 다양성이 이미 더 이상 회복할 수 없을 정도로 손상되었기 때문이다.

그러므로 우리는 이제 결코 더 이상의 침해는 허락하지 않겠다고 분명히 공언할 필요가 있다. 심각한 멸종 위기에 처한 두꺼비의 서식지를 파괴하는 행위라면 모두가 두꺼비를 좋아하든 싫어하든 이제 더 이상 허락하지 말아야 한다. 그러지 않고 모든 사안에 대해 국가(혹은 국제)법적인 차원이 아니라 지역적인 차원에서 그때그때 결정을 내려야 한다면, 단기적인 경제 이익이 중기적인 환경 이익을 너무 자주 이기게 될 것이고 그럼 결국에는 생물 다양성을 장기적으로 유지할 수 없게 될 것이다. 생물 다양성의 문제도 모두가 한마음이 되어야만 해결할 수 있다!

유럽연합이 독일에 소송을 건 이유

유럽연합 방침에 따라 실행해야 하고 그러지 못한다면 제재까지 받을 수 있는 국가법 중 하나가 **비료법**이다. 비료법은 농경에서 토양과 식물을 위한 비료 이용법과 배양법 및 비료 마케팅 관련 전반적인 문제를 다루는 법이다.

비료법은 인간에게 유용한 식물에 영양을 공급하고 토양의 비옥도를 유지함과 동시에 인간과 동물의 건강은 물론 자연 자산도 보호하며 지속이 가능하고 효율적인 자원 이용을 보장하도록 되어 있다. 법이 넓은 방향을 제시해 준다면 법령은 구체적인 실행에 관한 것이다. 비료 상품 법령은 비료 상품의 허가와 상품 표식을 규제하고 비료 법령은 (비료의 사용량과 방사 방식 같은) 비료의 바람직한 사용 관련 문제를 명확히 한다.

하지만 유럽연합 집행위원회는 2017년 독일 비료 법령이 유럽의 지하수 보호 방침을 제대로 실행한다고 보기에는 많이 부족하다고 판단했다. 따라서 계약 위반 소송을 제기했고 유럽연합 사법재판소는 그 주장이 타당하다는 쪽으로 판결했다.

독일 연방 정부는 이제 2020년까지 유럽의 지하수 보호 방침에 맞게 비료 법령을 바꿔야 한다. 그리고 바뀐 법령은 2020년 3월 27일 독일 연방 의회에서 승인될 예정이다. 그래서 유럽연합은 이 소송을 중지할 것이지만 만약 2020년까지 법을 바꾸는 데 성공하지 못하면 (유럽연합 방침을 실행하지 않을 때 매일 발생하는 손해를 합친) 89만 유로 상당의 벌금을 내야 할 것이라고 경고했다.•

수익과 비용을 공정하게 나누기

우리는 법과 법령으로 괜찮고 괜찮지 않은 것들을 지정할 수

● 2020년 5월부터 독일에서는 유럽연합 규정에 맞게 개정한 비료 법령이 시행 중이다.

있다. 무역과 상업을 위해 야생동물들을 과도하게 잡거나 서식지를 파괴하는 행위를 금지하고, 한계치를 지키고 보상 조치를 하도록 의무를 부과할 수 있다. 그리고 이런 통제와 함께 시행하면 좋은 전략이 또 하나 있는데 바로 재정적 장려로 기업과 개인으로부터 환경 지향적인 행동을 끌어내는 것이다.

지금까지 살펴본 지속 가능한 생태계 경영도 무엇보다 경제에 매우 중요한 환경 지향적인 행동들이다. 지속 가능한 생태계 경영은 맹그로브 새우 양식에서처럼 생태계 서비스를 받는 사람이 곧 그 생태계를 보호할 수 있는 사람일 때 특히 큰 효과를 볼 수 있다. 맹그로브 지역을 생태학적으로 이용하며 새우를 자연적으로 키울 때 투자 비용은 적게 들이면서 비싸게 팔아 수익을 창출할

코모도왕도마뱀은 여행자를 끌어들이는 자석이므로 이를 보호하는 것이 인도네시아의 코모도섬과 순다열도 경제에 매우 중요한 일이다.

수 있는 것처럼 말이다.

하지만 생태계 서비스 수혜자와 책임 보호자가 다른 경우가 많다. 특히 열대우림이 그렇다. 열대우림이 보존될 때 전 세계가 혜택을 보지만 책임지고 열대우림을 보호해야 한다고 느끼는 나라, 혹은 열대우림 보호 조치들을 감행할 법적인 수단을 갖는 나라는 그다지 많지 않다. 또한 열대우림의 나라들은 생물 다양성의 수혜자들이기도 하지만, 열대우림을 천연 상태로 보존하며 장기적으로 전 세계에 자신들의 노력을 증명할 것인가, 아니면 일부라도 개간해 경작지를 만들거나 천연자원을 이용하며 국가 재정에 중단기적으로 (최소한 부분적으로라도) 도움을 받을 것인가를 놓고 늘 선택의 갈림길에 선다. 지금은 상대적으로 소수인 열대우림 국가 사람들이 열대우림 이용을 포기할 때 전 세계 사람들이 혜택을 보는 상황인 것이다.

생물 다양성 보호를 둘러싸고 부담과 혜택이 공정하게 분배되지 않는 이 딜레마를 어떻게 해결할 수 있을까? 보호해야 하는 생태계를 가진 나라가 그것을 파괴할 때가 아니라 보호할 때 돈을 벌게 만드는 것도 하나의 방법이다. 생태계를 보존했을 때 혜택을 받는 다른 나라 사람들로부터 적절한 보상을 받게 하는 것이다. 이와 관련해 이미 **'환경 서비스 지불'**(PES) 프로그램이 시행되고 있다. 예를 들어 지주나 농장 경영자(생태계 서비스 판매자)가 그 땅의 생태계를 보호한 대가로(그래서 생태계 서비스가 가능해진 대가로) 서비스 이용자 혹은 수혜자(생태계 서비스 구입자)에게서 보상금을 받는다.

로스앤젤레스대학 연구에 따르면 PES 프로그램으로 2015년에만 세계적으로 약 360억 달러가 유통되었다고 한다. 그중 많은 돈이 수질 정화 구역을 보호하는 데 흘러들어갔다. 6장에서 살펴보았던 뉴욕시의 획기적인 캐츠킬산맥 보호 장기 프로그램이 그 성공적인 예이다. 이 프로그램을 통해 뉴욕시는 캐츠킬산맥 집수 구역 식물군을 보호하고 오염을 방지하는 등의 생태계 보호 경영을 하는 지주들에게 대가를 지불하는 것으로 뉴욕시의 수돗물 공급을 문제없이 확보할 수 있었다.

80년을 내다보는 수자원보호기금

에콰도르의 수도 키토에는 약 260만 인구가 거주하고 있다. 이 인구를 위한 수돗물 공급은 인근의 강, 빗물, 지하수에 의존하고 있으며 이 물들은 주로 안데스산맥의 북쪽 기슭에 위치한 과일라밤바Guayllabamba 집수 지역에 저장된다. 이 지역 내 늪과 습지가 지속 불가능한 방법의 축산 등 여러 문제 때문에 자꾸 훼손되어 수도의 수돗물 공급에 차질이 생겼다. 그래서 키토시 수자원청(EPMAPS)은 2000년 글로벌 환경 단체 네이처컨서번시The Nature Conservancy와 손잡고 향후 80년을 내다보는 수자원보호기금(FONAG)을 창립했다.[2] 이 재단에 키토시 수자원청이 매년 수입의 2%를 제공하기로 했고 재단 수익은 해당 생태계 내 집수 구역을 실질적으로 보호하는 데 쓰인다. 매년 이 지역 녹화 사업과 지속 가능한 수자원 경영과 농경에 매년 250만 달러 이상이 투자되고 있고 이 사업에 관계하는 지역 인구만 3,500가구가 넘는다(2018년 기준). 2만 8,000ha가 넘는 생태계가 보존 가치를 인정받아 이 사업의 보호 안에 들어갔다. 수많은 연구와 조성 프로젝트가 시작되었고 무엇보다 키토시의 수돗물 공급이 안정되었다. 한 연구에 따르면 지금까지 투자 대비 2.5배의 수익이 났다고 한다. 일은 이렇게 하는 것이다!

이런 프로그램들이 의미 있는 성공을 거두려면 다양한 조건들이 충족되어야 한다. 무엇보다 해당 구역에 대한 판매자의 소유 상태가 확실해야 한다. 그래야 보호 조치를 자신이 원하는 만큼 확실히 실행할 수 있다. 환경 파괴 행위들이 다른 곳으로 옮겨 가지 않게 관리도 해야 한다. 그리고 보호 조치가 효과를 보이며 안정될 때까지 몇 년이 걸릴 수도 있으므로 양쪽 모두 장기적으로 참여할 준비가 되어 있어야 한다. 이런 여러 조건이 충족될 때에만 관련 인구 모두 장기적인 전망을 할 수 있다.

그리고 어렵게 확보한 재정을 효율적으로 쓰려면 반드시 생태계 서비스를 강화하거나 추가하는 데에만 돈을 써야 한다. 이것은 프로그램에 빈틈이 없어야 가능한 일이다. 그 과정에서 또 다른 환경 파괴 행위를 추가해 프로그램을 수정한 뒤에 돈을 더 받으려는 시도가 있을 수 있는데 이런 행태는 반드시 근절되어야 한다(때로는 이 과정에서 무력행사가 일어나기도 한다).

하지만 이런 위험 때문에, 자발적으로 생태계 보호에 나서는 모범적인 국가나 지주들을 PES 수혜자에서 제외하는 것은 옳지 않다. 이것은 견고한 평가 및 조사 메커니즘에 따라 심사숙고해야 하는 과정이 아닐 수 없다. 진정으로 참여하는 사람이 수혜자가 될 수 있게 해야 한다. 마지막으로, 돈이 여러 관청을 거치느라 조금씩 사라지는 것이 아니라 생태계를 유지하느라 다른 혜택들을 포기하는 사람에게로 곧장 갈 수 있도록 하는 것도 매우 중요하다.

숲 보호를 위해 유엔은 특별히 이른바 '산림 전용 및 황폐화로 인한 온실가스 배출 저감 활동'(REDD+) 프로그램을 발의했다. 증명할 수 있는 방식으로 산림 개간을 줄이고 훼손을 막는 개발도상국 정부와 지역 단체에 재정 보상을 해 주는 프로그램이다. 보상 금액은 보호 정책 실행 후에 줄게 될 이산화탄소 배출량에 따라 달라진다. REDD+ 프로그램은 기본적으로 이산화탄소 배출 저감을 목적으로 하지만 숲을 보존하다 보면 기후변화도 막고 생물 다양성도 자연스럽게 유지될 것이다.

하지만 REDD+ 프로그램은 이산화탄소 저감 잠재량을 측정해 각 나라가 제시한 보호 정책의 유용성을 판단할 수 있는, 모두가 동의하는 기준 조건을 정하는 일이 쉽지 않다는 문제를 안고 있다. 게다가 보상해 준 저감량에 REDD+ 조치만으로 도달할 수 있음을 증명해야 한다. 불필요한 조치를 위한 장려금은 허락하지 않겠다는 뜻이다. 이런 요구들을 완벽하게 해결할 수 없다는 것이 이 프로그램이 비판받는 주요 이유이다.

자선이 아닌 연대 책임

중요한 자연보호구역을 보호하는 데 드는 비용이 정당하게 분배되지 않을 때 무슨 일이 일어나는지를 야수니 국립공원(1장 참조)이 잘 보여 주고 있다. 이 공원에 속하는 세 지역(이시핑고, 탐보코차, 티푸티니, 각각의 앞 글자를 따서 ITT)은 에콰도르에서 가장 많은 원유가 저장되어 있는 곳이다. 2007년 에콰도르의 당시 대통령 라파엘 코레아는 이 유전을 개발했을 때 기대되는 수익의 절반 정도인 36억 달러를 국제사회가 에콰도르에 보상한다면 유전을 건드리지 않겠다고 약속했다. 이 요구는 세계적인 논쟁을 불러일으켰다.

지지하는 쪽은 환경보호의 부담을 나누는 혁신적인 접근법이라며 찬사를 보냈고 비판하는 쪽은 협박이나 마찬가지라며 비난했다. 잠재적 수여국들이 보상금의 용도에 관여할 권리를 요구했지만 코레아는 거절했다. 그로부터 6년 후, 국제사회는 애초 액수의 10%도 안 되는 금액을 제안했고 코레아는 거절하며 유전을 건드리지 않겠다는 약속을 취소했다. 그는 국내 연설에서 에콰도르가 국제사회에 요구한 것은 자선이 아니라 기후변화에 대한 연대 책임이었다고 말했다.

2016년 ITT 유전의 첫 시추가 있었다. 그와 함께 예상대로 개간, 기반 시설 구축, 오염, 소음 등으로 인한 환경오염도 뒤따랐다. 지금은 사실상 '건드릴 수 없는 지대'로 확정된 야수니 공원의 중심 지대까지 개발될지도 모른다는 우려가 점점 커지고 있다. 이

논쟁의 중심에 선 야수니 국립공원

곳에는 아직 문명과 접촉하지 않은 타가에리Tagaeri와 타로메나네 Taromenane 부족이 살고 있다.

그런데 여기서 우리는 생물다양성협약의 세 번째 목표, '유전적 자원의 이용에서 얻은 이점의 공정한 분배'와 이른바 '유전적 자원에 대한 접근과 이익 공유의 원칙'(ABS)을 살펴보지 않을 수 없다. 생물다양성협약을 체결한 지도자들은 지구상의 생태계와 그 속의 동식물들 속에는 '모든 인간'의 안녕을 위해 이용될 수 있는 상당한 양의 자원이 숨어 있다고 생각했기 때문에 ABS 원칙을 만들었다.

다시 열대우림으로 돌아가 보자. 이곳의 자원이 중요한 것은 우리가 이미 알고 있는, 약물학적 가치도 높은 그 많은 원재료 때문이 아니라 아직 발견되거나 이해되지 못한 채 정글 속에 숨어 있는 다른 수많은 것들(4장 참조)의 이용 가능성 때문이다. 자연 그대로의 생태계 안에서 변화가 어떠한 방식으로 이루어지는지, 혹은 공생 관계가 어떻게 작동하는지 우리는 여전히 잘 모르고, 화학 성분들의 작용 방식 및 그 모든 것들을 우리의 기술적·사회적 문제들을 푸는 데 어떻게 이용할 수 있을지에 대해 아직 배워야 할 것이 많다. 그래서 생체공학이라는 학문이 있는 것이다(9장 참조). 토착민들이 수천 년 동안의 경험으로 쌓아 온 지식도 그 가치가 매우 높다. 많은 거대 기업, 대학, 연구 기관들이 정말로 관심을 두는 것은 생물 다양성이 풍부한 곳 그 자체가 아니라 그 안에 숨어 있는 이런 지식과 정보이다.

이런 연구 기관 혹은 사람들 입장에서는 생물 다양성이 내포하고 있는 놀라운 잠재성을 직접 볼 수 있는 길이 거부되어서는 안 될 것이다(접근). 다른 한편, 이들은 그런 자원을 이용하는 것에서 얻을 수 있는 혜택을 독점하지 않고 나눠야 할 것이다(이익 공유). 협상자들 사이에 권력의 불균형은 없는지도 특히 잘 살펴야 한다. 소외된 농부들이나 토착민 사회가 협상 과정에서 거대 기업의 법무 팀과 싸워야 해서 한쪽에만 유리한 계약을 체결하는 경우가 적지 않기 때문이다. 이때 사안에 따라서는 국가 혹은 국제 환경보호 기관이 지역 인구 입장에서 의견을 추렴하고 경험 많은 법률 고문을 제공하는 등의 도움을 줄 수도 있다.

당뇨 환자들의 희망, 아메리카독도마뱀

아메리카독도마뱀은 생김새가 기이해서 '힐라강의 괴물'Gila-monster이라는 별명도 있다. 최대 50cm 정도로 파충류 중에서는 그다지 큰 동물이라고 할 수 없지만 인류 의학에서 갖는 잠재성만큼은 매우 큰 녀석들이다. 아메리카독도마뱀은 턱밑샘에서 독을 만들어 내는데 이 독의 구성 성분 하나가 제2형 당뇨 환자들의 몸무게를 줄이고 혈당 수치를 낮추며 건강을 되찾게 하는 효과가 있다고 한다.[3] 2015년 이 당뇨약의 수익 잠재성이 이미 60억 달러 상당으로 추정된 바 있다.[4] 결코 적지 않은 돈이며 이 도마뱀 서식처 주변의 사람들과 공정하게 나눠야 할 돈이다. 당뇨 치료에 도움이 되는 작용물질은 실험실에서 화학적으로 다시 만들어 낼 수 있으므로 일단 상품화가 끝나고 나면 아메리카독도마뱀의 독을 직접

힐라강의 선물, 아메리카독도마뱀

뽑아야 하는 일은 더 이상 없을 것이다. 그럼에도 생물 다양성과 서식지의 보존을 위한 우리의 연대는 꼭 필요하다. 연대할 때에만 미래에도 마찬가지로 가치 있는 발견을 할 수 있을 테니까 말이다.

참고로 아메리카독도마뱀의 독은 인간에겐 분명 치명적이지만 우리가 괜히 그들의 집(아메리카의 사막지대)으로 가서 매우 불편하게 하지 않는 이상, 이들이 우리를 물 일은 없다. 인간이 이들에게 물린 사례는 지금까지 단 14건에 불과하다.

생태계 서비스 수익을 정당하게 분배하는 문제는 2010년 **나고야의정서**에서 구체화된 바 있다. 예를 들어 자원에 접근하기를 원하는 나라 혹은 기관은 그 자원이 속한 나라와 합의를 봐야 한다. 양측이 '이익 공유'를 위한 규정에 동의해야 하고 지역 인구에게 돌아가는 혜택이 보장되어야 한다. 그렇게 미래의 자원 이용 권리를 확보할 수 있고 동시에 그 지역에 전통적으로 내려오는 지식을 인정해 주고 적절한 금전적 대가도 지급하는 것이다.

'이점의 공정한 분배'에는 특허 수익 및 일반적 수익의 분배만이 아니라 합작 투자, 기술 이전도 포함되어야 하며, 빈곤과의 싸움이나 지속 가능한 발전에 도움이 될 수 있는 이른바 유전적 자원 이용을 통한 자율 능력 배양도 포함되어야 한다(예를 들어 해당 국가 대학과의 연구 협력을 통한 지식 전달 등이다). '유전적 자원' 이용으로부터 얻은 이점들을 공정하게 분배함으로써 생물 다양성 유지에 대한 동기 부여를 하고, 나아가 그것이 해당 지역 인구뿐만 아니라 인류 전반에 이로움을 입증하는 것이다.

개인적인 기부를 포함해 시장 원리에 의존하는 이와 같은 도구들 외에도 공공재산을 원조하며 정치적인 영향력을 행사하는 방법도 물론 있다. 대표적으로 환경 지향적 농업에 정부가 주는 장려금을 들 수 있다. 이 장려금은 두 가지 기준에 따라 제공된다. 첫째는 경작되고 있는 땅의 크기이고, 둘째는 환경과 사회에 공헌하는 정도이다. 단일경작의 농경과 대량 축산에서 좀 더 생태학적인 경영으로 전환하도록 장려하려면 두 번째 기준을 강화해야 할 것이다. 생태 농경지 확보하기, (생물 다양성을 위해) 농경지에 꽃길 가꾸기, 개울과 연못에 천연 가장자리 확보하기, (하천으로 흘러들어가는 화학 비료를 줄이기 위해) 면적당 질소 비료 제한하기, 단일경작을 피하기 위해 윤작* 지키기 등이 장려할 만한 농법들이다. 현재는 대체로 첫 번째 기준에 따라 장려금이 지급되고 있으므로 집약적 농사 위주의 대기업과 기관이 평균 이상의 장려금 혜택을 받지만, (훨씬 더 많은 사람이 하고 있는) 포괄적이고 생태학적인 농사에는 최소한의 장려금만 주어진다. 현재 유럽연합이 다가오는 7년을 위한 새롭고 근본적인 재정 프레임워크를 협의하고 있고 그 과정에서 앞으로 농경에 지급되는 장려금 계획도 수립될 것이다.

●   같은 땅에 여러 가지 농작물을 해마다 바꾸어 심는 일.

바이러스 치료제, '마말라 나무'

1980년대 말, 미국 와이오밍 소재 민족의학연구소의 폴 앨런 콕스 생물학 박사는 사모아 팔레아루포 지역에 전통적으로 내려오는 치료 방식을 연구하기 시작했다. 콕스 박사는 특히 마말라 나무 Mamala[*]에 관심이 많았는데 토착민들이 황열병 등 심각한 바이러스 감염병에 이 나무의 구성 성분들을 치료제로 사용하고 있었기 때문이다. 미국암센터(NCI), 에이즈연구연맹(ARA)과의 협업으로 마말라 나무껍질에서 '프로스트라틴'prostratin이라는 단백질을 추출해 냈고 이제 이 단백질이 특히 에이즈 치료에 어떤 효과를 보일지 연구해야 했다.

그런데 같은 시기인 1988년 사모아 정부가 팔레아루포 지역에 초등학교를 만들 것을 명령했다. 초등학교 건립 비용은 그곳 삼림 개간권을 넘겨 주는 대가로 어느 개인 나무 회사가 맡기로 했다. 마말라 나무와 그 나무가 자라는 열대우림을 보호하기 위해 콕스 박사는 1989년 팔레아루포 지역사회와 최초의 ABS 협의를 시작했다. 그 결과, 사모아 정부와 에이즈연구연맹 간, 그리고 사모아 정부와 캘리포니아대학 버클리 간 ABS 협약이 각각 2001년과 2004년 체결되었다. 다음은 그 주요 결과이다.[5]

[*] 학명은 호말란투스 누탄스*Homalanthus nutans*로, '마말라 나무'는 현지에서 부르는 이름이다.

⑴ 연구 단체들이 팔레아루포 지역 초등학교 건립의 재정을 책임
지게 되었다.

⑵ 개간권을 되사 왔고 이 지역 열대우림을 최소 50년 동안 보존하
기로 했다.

⑶ 연구를 목적으로 하고 숲을 훼손시키지 않는 한에서 연구자들
은 숲에서 연구 활동을 이어갈 수 있다.

⑷ 마말라 나무의 치료 효과에 대한 토착민들의 지식에 소유권이
인정되었다.

⑸ 연구 결과가 상업화에 성공할 시, 그 수익을 팔레아루포 지역 사
람들과 사모아 정부와 나눠야 한다.

이 합작 연구에 이어 추가로 비영리 단체 시콜로지Seacology가 창립
되었고 이 단체가 사모아 내 생태 여행 프로젝트를 위해 10만 달러
를, 사모아 교육 및 건강 시스템 구축을 위해 추가로 30만 달러를
투자했다. 지금은 프로스트라틴 단백질이 암과 알츠하이머에 어떤
효과를 내는가에 대한 연구가 진행 중이다.

중요도 구분하기 — 어디서부터 살릴 것인가

오랫동안 생물 다양성을 성공적으로 보호하려면 정치적·경제
적 조치들 외에 모든 사람의 자발적인 참여도 분명 필요하다. 개
인 혹은 기업이 자연보호 비정부기구(NGO)를 창립하고 운영하

거나 재정적으로 후원할 수 있다. 독일에서는 현재 이런 기구 약 100개가 자연, 동물, 환경 보호를 위한 상부 기관인 독일자연보호 단체연맹(DNR)을 통해 연계되어 활동하고 있다.

생물 다양성과 자연을 보호하는 이 사람들에게는 당연히 돈이 필요하다. 연방 기관, 혹은 유럽연합의 기관들이 공식적으로 제공하는 장려금을 받는 곳이 많고 재단에서 돈을 받는 곳도 꽤 되지만 대부분 시민들의 자율적인 기부에 의존하고 있다. 독일기부위원회에 따르면 2019년 독일 사람들은 총 51억 4,000만 유로를 기부했고 그 4분의 3 정도가 자연재해 구호 기금이었다. 3.5%인 1억 8,000만 유로가 자연 및 환경 보호에 쓰였고 5.9%인 3억 300만 유로가 동물 보호에 쓰였다.[6]

흥미롭게도 독일에서는 2019년 국민 총 기부액이 2018년 대비 3.5% 줄었는데, 유일하게 전년 대비 올랐다고 볼 수 있는 기부처가 자연보호와 환경보호 부문이었다(4% 증가).

새를 세서 뭐 하지?

이제는 환경보호에 참여하기 위해 꼭 돈이 있어야 하거나 과학자가 되어야 하는 것도 아니다.

새들은 환경 변화에 매우 민감하므로 환경 파괴를 알려 주는 경고 장치처럼 이용할 수 있다. 새들은 일단 먹을 것이 풍부하고 짝짓기 대상이 있고 편히 쉴 둥지가 있으면 잘 살아간다. 하지만 먹잇감이 줄어들거나 인간에 의해 서식지가 크게 변하면 금방 그 수가 줄어든다. 그리고 새들은 어디서나 보이고(교미 비행, 자기 구역을 알릴 때 내는 소리 등등) 행동도 눈에 띄는 경우가 많아 관찰하기에 좋으므로 자료를 모으기도 어렵지 않다. 그래서 독일자연보호연대(NABU) 프로그램의 하나인 '정원의 새를 위한 시간'[7] 같은 이른바 시민 과학 프로젝트들이 유용하다. 이 프로젝트의 일환으로 매년 5월 둘째 주 주말에 독일 국민들은 한 시간 동안 주변에 있는 새의 숫자를 세는데, 현재 존재하는 새 숫자의 총합을 아는 것이 여러 연구에 도움이 되기 때문이다. 생물 다양성 상태에 중요한 지표가 되는 것은 더 말할 것도 없다. 같이 새의 수를 세는 것 자체가 과학적 연구에 공헌하는 것이고 무엇보다 재미가 쏠쏠하다!

그렇다면 자연보호 기관들은 기부금을 어떤 프로젝트에 쓸 것인지 어떻게 결정할까? 살쾡이를 보호하는 것이 북극곰을 보호하는 것보다 급한 일일까? 지구의 현재 상태를 생각할 때 아프리카의 우림을 지키는 것이 더 중요할까, 아니면 아시아의 산호초를 지키는 것이 더 중요할까? 창립자의 개인적인 관심과 내력이 중점 활동을 결정하는 일도 드물지 않다. 그리고 많은 대규모 자연보호 기관들이 도움의 종류와 프로젝트 지역을 선택하는 기준을 정해 두는데, 그 기준이란 바로 자신들의 돈으로 얼마나 최대한의 자연보호 효과를 낼 수 있느냐이다. 그리고 과학적인 사실과 위험에 처한 종 및 생태계에 대한 국제자연보전연맹의 적색 목록 정도를 그 근거로 삼는다. 그렇게 자신들의 프로젝트가 정착해야 할 지역을 표시한 그들만의 세계지도를 만들어 낸다.

이런 상태에서 이 기구들은 기부자들의 바람을 모두 들어주고 싶지만, 현장에서 일하다 보면 기부자들의 바람과는 다른 곳에도 돈을 써야 하는 어려움이 있다. 생물 다양성을 장기적으로 유지하려면 예를 들어 유럽연합 의회에 전문적인 로비를 시작하고 비싸지만 최고인 전문가 혹은 법률가를 고용하는 일도 필요할 것이다. 하지만 기부자들은 대개 자신들의 돈이 행정이나 홍보보다는 사냥터 관리인의 장비를 강화하거나 지프차를 구매하는 데 사용되기를 더 바란다. 기관에서 쓰는 일반적인 비용보다는 특정 작전을 위한 캠페인에 기부금이 더 많이 모이는 것도 바로 그래서이다.

특정 목적을 위한 기부금은 딱 그 목적을 위해서만 쓸 수 있다. 이것은 자연보호 기구들에게는 하나의 딜레마인데, 일을 하다 보면 다른 곳에 더 긴급하게 돈이 필요할 수도 있기 때문이다. 따로 통장을 개설해야 할 일이 없으므로 관리 면에서도 일반적인 목적의 기부가 더 편하다.

돈 많이 버는 유순한 거인

독일 사람들은 산악고릴라를 위해서라면 기꺼이 기부한다. 하지만 산악고릴라는 사실 금전적 도움이 필요 없다. 산악고릴라는 현재

자신의 보호에 필요한 돈을 스스로 버는 산악고릴라

중앙아프리카 우간다 브윈디 천연국립공원과 르완다 비룽가 국립
공원, 이렇게 두 곳에 서식하고 있다. 우간다에 400마리, 르완다에
600마리 정도 사는 것으로 추정된다.[8]

그중에 비룽가에 사는 186마리만이 인간을 모르고 살아간다. 다른
70%의 산악고릴라들은 거의 매일 인간들의 방문으로 끊임없이
관찰 대상이 되고 있다. 하지만 이것이 오히려 밀렵과 서식지의 파
괴를 막아 준다. 산악고릴라 보호를 위해 필요한 돈은 사실상 고릴
라들 스스로가 벌고 있는 셈이다.

두 공원은 합쳐서 매일 방문자를 80명만 허락하고 있다. 방문자들
은 고릴라와 한 시간을 보내는 데 1인당 1,500달러를 지불한다.[9]
살아 있는 산악고릴라가 그 죽은 고기보다 훨씬 더 가치 있는 셈이

다. 그리고 그 돈 일부가 일자리 창출과 유지에 필요한 자재 구입 등으로 지역 주민들에게도 유익한 수입처가 되고 있으니 그들 입장에서도 고릴라 밀렵은 더 이상 흥미로운 사업거리가 못 된다. 하지만 산악고릴라가 그곳을 방문하는 인간들에 의해 병원균을 얻어 멸종될 위험은 여전하다. 고릴라와 인간 사이에는 항상 최소한 7m 거리두기가 필수이다. 사회적 거리두기는 여기서도 목숨을 살린다.

개인만이 아니라 이런저런 기업들도 다양한 이유에서 자연보호와 생물 다양성 보호에 참여할 필요성을 느낀다. 크게 한 번 기부하는 것도 좋지만 특정 프로젝트를 통해 자연보호 기관들과 장기적으로 꾸준히 협력하는 것이 더 좋다. 하지만 장기적인 협력을 성공적으로 이끌기 위해서는 꼭 맞는 파트너를 찾는 것이 무엇보다 중요하다. 기업들은 기본적으로 자신들의 참여와 해당 자연보호 기구의 좋은 평판을 이용해 어떤 식으로든 회사 홍보를 하고자 한다. 하지만 자연보호 기구들로서는 좋은 평판이 가장 소중한 재산이다. 자연보호에 잘 기부하는 기업이 정작 그 회사의 주력 사업에서는 기부금으로 도저히 상쇄할 수 없는 자연 파괴를 일삼고 있다면 그것은 전형적인 '그린워싱'Greenwashing(위장 환경주의)이 아닐 수 없다. 이런 기업이 자연보호 기구에 관심을 가진다는 것은 "이 돈 받고 면죄부를 줘라!" 하고 말하는 것이나 다름없다. 그러므로 이런 기업들이 건네는 돈은 거절해야 할 것이다.

정말 환경보호에 진심인 기업이라면 단지 뒤늦게 돈을 기부하는 대신, 자사의 공급망 자체, 원료 수급과 마케팅 등의 방식을 바꿔 생물 다양성에 좋은 영향을 줄 방법들을 적극적으로 생각해 보아야 한다. (지붕, 주차장, 야외 설비 등) 회사 건물의 땅들을 간단히 생물 다양성 지향적으로 바꾸는 회사들도 이미 많다. 멀리 갈 것도 없이 바로 그곳에서 생물 다양성에 공헌하는 것이다. 그다음에 기부까지 한다면 당연히 더 좋다.

자연보호 기구의 자금이 얼마나 많든 결국에는 그 기구의 주요 인물과 봉사 단원들의 매우 개인적이면서 때로는 위험하기도 한 작전들 때문에 프로젝트가 성공하는 경우가 드물지 않다. 비정부기구들은 자금이 조성되면 환경보호가 필요한 나라들로 가서 로비 활동을 벌이고, 투자자를 찾고, 현장 파트너를 찾아 관계망을 형성하고, 그들에게 전문적인 조언들을 한다. 결코 쉬운 일들이 아니다. 동식물의 효과적인 보호를 가능하게 하는 기반 조직자체가 아예 없는 나라들도 많기 때문이다. 잘 훈련된 인력은커녕 기본적인 재정과 사무기기조차 없는 지역 관청들과 부패한 정부, 제멋대로인 법 집행 등으로 인해, 생물 다양성 및 생태계 서비스와 관련한 여러 보호 조치를 도무지 제대로 실행할 수 없다.

그래서 국제적으로 활동하는 비정부기구들은 원래대로라면 제대로 된 국가 제도가 해결해 줄 여러 문제에 직면해야 한다. 중서부 아프리카에는 자연보호 기구가 아예 없고, 비정부기구들을

환경보호 시위에 나서는 청년들

만들고 환경 운동을 장려할 수 있는 의식 있는 중산층 자체가 없는 나라들이 많다. 이때 비정부기구들의 일은 자연보호 활동 그 너머로까지 확장된다. 이런 일들에는 기부자들의 관심이 덜하겠지만 그렇다고 덜 중요한 일은 아니며 분명 돈이 들어간다.

큰 관심을 부르는 활동으로 주의를 끌어야 할 때가 있고, 조용하고 꾸준하게 네트워크를 만들어 가야 할 때도 있다. 하지만 언제나 필요한 것은 목표를 향해 끈기와 열정을 갖고 싸워 나가는 사람들이다. 지금까지 이런 사람들이 훌륭한 일을 많이 해냈다! 자연을 사랑하는 사람들이 끈기 있게 벌들의 수를 세고 경고하지 않았다면 곤충들이 죽어 가고 있다는 것을 사람들이 지금처럼 많이 의식할 수 있었을까? 그린피스가 광고 효과가 큰 활동들로 고래잡이가 얼마나 무자비한지 알려 주지 않았더라면 지금까지 얼마나 더 많은 고래가 목숨을 잃어야 했을까? 우리는 아프리카 탄자니아 세렝게티 국립공원에서 누와 얼룩말의 연례 이주가 보여 주는 장관을 볼 수 있었을까? 프랑크푸르트동물학협회(ZGF)가 수십 년 동안 이 동물들과 그 생태계를 보호하고 강화하지 않았다면 말이다.

2100년의 세상

프리피야트는 우크라이나의 작은 자치시이다. 1970년에 형성되었고 한때는 인구가 4만 9,360명이나 되었다. 하지만 1986년 4월 27일 프리피야트는 1,200대의 버스가 동원되면서 두 시간 반 만에 텅 빈 도시가 되었다. 이때부터 프리피야트와 그 주변 지역은 동식물들로 조금씩 정복당하며 유럽 최대 '생태 복원' 프로젝트 지역이 되었다. 심지어 늑대, 살쾡이, 곰, 들소, 사슴들까지 들어와 산다. 우크라이나에 사는 새 334종 중 231종이 이 작은 도시에 모여 있고 그중에는 희귀종도 많다. 인간은 더 이상 살지 않는다. 사냥은 금지되었고 나무도 벨 수 없고 버섯도 딸 수 없다. 그렇다면 이 도시는 자연보호의 훌륭한 성공 사례일까? 미래 세대와 생물다양성의 보존을 위해 우리가 배워야 하는?

그렇지 않다. 프리피야트는 체르노빌 원자력발전소, 그 비극의 4번 원자로에서 불과 4km 떨어진 곳이다. 현재 체르노빌 전 원자력발전소 반경 약 4300km²가 출입 금지 지역이다. 그래서 프리피야트에는 더 이상 아무도 살지 않고 앞으로도 당분간은 그럴 것이다. 그래서 이곳의 자원은 전부 이용할 수 없게 되었다. 동식물들은 이 모든 상황을 모른다. 동식물도 방사능에 노출되므로 돌연변이나 유전적 결함을 보이는 종도 많고 모두 방사능에 극도로 오염된 상태이다. 그런데도 이곳의 동물들은 대부분 다른 지역에서보다 더 잘 살고 있다. 바로 자신들을 쫓고 괴롭히고 살 곳도 빼앗는 인간들이 없기 때문이다. 방사능에 노출된 것이 동물들의 건강과 수명에도 좋지는 않겠지만 동물들은 방사능으로 암이 생길 때까지 오래 살지는 않으므로 사실상 그렇게 치명적인 문제는 아니다.

인간이 자폭하면 자연은 다시 회복하고 생물 다양성도 다시 좋아질 것이다. 하지만 이런 미래가 우리가 소망하는 미래는 아닐 것이다. 인간이 정신을 차려서 자신을 위해서라도 생물 다양성과 생태계 서비스를 보호하며 살아가는 미래가 아무래도 조금은 더 아름다울 것 같다. 그리고 그럴 수 있다면 2100년의 세상은 다음과 같지 않을까 싶다.

유엔에서 결정권이 가장 큰 기구는 '세계 생물 다양성 위원회'이다. 환경 파괴 상품들은 가격 경쟁력에서도 뒤떨어진다는 사실을 전 세계 사람이 체감했으므로 이 상품들은 시장에서 사라졌다. 원유는 의학적인 목적의 고가 합성 제품 생산에만 쓰이고 그럴 때조차도 완전한 재활용을 원칙으로 한다. 2500년까지 에너지 전환이 완료될 예정이다. 화석 연료 연소로 인한 이산화탄소 방출량이 최소한으로 줄어들었다. 2015년 파리에서 협약한 대로 지구 기온 1.5도 상승 한계선이 지켜지고 있다.

지구 땅의 20%, 바다의 15%가 보호구역이고 관리도 잘되고 있다. 게다가 생물 다양성이 좋은 구역들이 방대한 세계 보호구역 네트워크에 통합되었고 덕분에 종들 사이 유전적 교환이 가능해졌다. 보호구역 밖에서도 동식물들이 보호되거나 지속 가능한 방식으로 이용된다. 살아 있는 생태계 덕분에 수백만 인구가 홍수, 산사태, 가뭄 등으로 고향을 등져야 하는 일도 이제 없다.

자연과 도시가 더 이상 뚜렷이 구분되지 않는다. 자연과 농경이 주차장, 건물 지붕과 벽 등 도시 중심으로 들어오는 데 성공했다. 백 년도 되지 않는(!) '실험'이 틀렸음을 알고 과거의 낡은 산업형 농업 방식을 그만두었으므로 더 이상 식료품에 유기농 인증 마크를 달지 않아도 된다. 식료품의 세계적 운송이 줄어들었고 지역 생산이 늘어났다.

이 모든 발전이 가능했던 결정적인 이유는 우수한 생태계를 가진 나라들이 그 생태계를 유지했고 그 대가로 전 세계로부터 보상을 받았던 것이다. 생태계 서비스의 가치를 돈으로 환산했고 그 돈은 부분적으로 그 생태계가 있는 곳, 혹은 그 주변의 사람들에게 곧장 주어졌다. 이런 새로운 세계경제 체계가 인도네시아, 브라질, 콩고민주 공화국, 가봉 같은 나라들을 복지 국가로 만들었다. 생태계를 보호하고 지속 가능한 방식으로 경영하는 것이 지역 인구에 새로운 삶과 새로운 소득원을 제공했으므로 무엇보다 신흥국과 개발도상국에서 이농(농촌 이탈)이 줄어들었고 그만큼 난민의 수도 세계적으로 줄었다.

유토피아 같은가? 아니면 순진한 자의 꿈 같은가? 프리피야트 같은 세상을 원치 않는다면 생태계 서비스를 우리 사회에서 제대로 평가하고 가치화하는 것만이 사회적·경제적·생태학적으로 유일하게 지속 가능한 방법이다. 그리고 일단 생각을 바꾸기 시작하면 이 유토피아 세상이 생각보다 빨리 오는 것을 보고 놀라게 될 것이다. 그리고 그 세상에서는 더 이상 모기가 "인간이 우리한테 해 준 게 뭔데?"라고 묻지 않을 것이다.

Chapter 1
생물 다양성의 세계

1. Kunin, W. E. / Gaston, Kevin (Hrsg.) (1996): The Biology of Rarity. Causes and consequences of rare-common differences, Springer.
2. De Vos, Jurriaan M. et al. (2014): Estimating the normal background rate of species extinction [https://conbio.onlinelibrary.wiley.com/doi/epdf/10.1111/cobi.12380].
3. Davis, Matt / Faurby, Søren / Svenning, Jens-Christian (2018): Mammal diversity will take millions of years to recover from the current biodiversity crisis [https://www. pnas.org/content/115/44/11262].
4. IPBES: Nature's Dangerous Decline 'Unprecedented'; Species Extinction Rates 'Accelerating' [https://www. ipbes.net/news/Media-Release-Global-Assessment].
5. Brander, Luke / Schuy, Kirsten (2010): The economic value of the world's wetlands [http://doc.teebweb.org/wp-content/uploads/2013/01/Theconomic-value-of-the-worlds-wetlands.pdf].
6. Besser, Tim (2010): Valuation of pollination spurs support for bee keepers [http://img.teebweb.org/wp-content/uploads/2013/01/Valuation-of-pollination-spurs-support-for-bee-keepers-Switzerland.pdf].
7. Costanza et al. (2014): Changes in the global value of ecosystem services, in: Global Environmental Change, 26, S. 152–158.

Chapter 2
멸종의 티핑 포인트

1. Bass, Margot S. et al. (2010): Global Conservation Significance of Ecuador's Yasuní National Park.
2. WWF: Ecuador [https://www. wwf.orgec/english_version/].
3. Costello, Mark J. / May, Robert M. / Stork, Nigel E. (2013): Can We Name Earth's Species Before They Go Extinct? [https://science.sciencemag.org/content/339/6118/413].
4. Locey, Kenneth J. / Lennon, Jay T. (2016): Scaling laws predict global microbial diversity [https://www. pnas.org/content/113/21/5970].
5. IUCN: The IUCN Red List of Threatened Species [https://www. iucnredlist. org/].
6. FAO (2020): The State of World Fisheries and Aquaculture 2020 [http://www. fao.org/state-of-fisheries-aquaculture].
7. Phillips, Don (2019): Amazon rainforest 'close to irreversible tipping point' [https://www. theguardian.com/environment/2019/oct/23/amazon-rainforest-close-to-irreversible-tipping-point].

Chapter 3
식사 준비됐습니다 – 생물 다양성과 음식

1. Heinrich Böll Stiftung (2018): Fleisch-atlas 2018, S. 44, Heinrich Böll Stiftung, BUND, Le Monde diplomatique
2. Foley, Jonathan (2020): Feed the World[https://www. nationalgeographic. com/foodfeatures/feeding-9-billion/].
3. Greenpeace (2020): Beifang [https://www. greenpeace.de/themen/meere/beifang].
4. OCEANA (2020): Oceana Study Reveals Seafood Fraud Nationwide [https://oceana.org/sites/default/files/National_Seafood_Fraud_Testing_Results_Highlights_FINAL.pdf].

Chapter 4
빠른 쾌유를 빕니다 – 생물 다양성과 건강

1. UN Water (2019): Weltwasserbericht der Vereinten Nationen 2019[https://
www. unesco.de/sites/default/files/2019-03/-WWDR-2019-Zusammen-
fassung_0.pdf].

2. WHO (2019): Fact sheets – Drinking Water [https://www. who.int/news-
room/fact-sheets/detail/drinking-water].

3. Muñoz-Camargo, Carolina et al. (2016): Frog skin cultures secrete anti-yel-
low fever compounds, in: The Journal of Antibiotics, 69/2016 [https://doi.
org/10.1038/ja.2016.16].

4. Shurkin, Joel (2014): News Feature: Animals that self-medicate [https://
www. pnas.org/content/pnas/111/49/17339.full.pdf].

5. Ekor, Martins (2013): The growing use of herbal medicines: issues relating to
adverse reactions and challenges in monitoring safety, in: Front Pharmacol,
4/2013 [https://www.ncbi.nlm.nih.gov/pmc/articles/PMC3887317/].

6. Hotez, Peter / Herricks, Jeniffer (2015): One Million Deaths by Para-
sites [https://blogs.plos.org/speakingofmedicine/2015/01/16/one-mil-
lion-deaths-parasites/].

7. "Thus, it is highly likely that future SARS- or MERS-like coronavirus out-
breaks will originate from bats, and there is an increased probability that
this will occur in China." Yi Fan et al. (2019): Bat Coronaviruses in China
[https://www.ncbi.nlm.nih.gov/pmc/articles/PMC6466186/pdf/virus-
es-11-00210.pdf].

8. Fuller, Richard A. et al. (2007): Psycho-logical benefits of greenspace increase
with biodiversity, in: Biology Letters 2007/3 [https://www.fullerlab.org/
exposure-to-biodiversity-increases-psychological-well-being/].

Chapter 5
당신 곁의 슈퍼히어로로 – 생물 다양성과 안전

1. Hansjürgens, Bernd et al. (2018): Naturkapital Deutschland – TEEB DE:
Werte der Natur aufzeigen und in Entscheidungen integrieren – eine Syn-

these, S. 39. Helmholtz-Zentrum für Umweltforschung – UFZ, Leipzig.

2. IDMC (2018): Global Report on Internal Displacement [http://www.internal-displacement.org/global-report/grid2018/downloads/report/2018-GRID-region-europe-central-asia.pdf].

Chapter 6
같이 좀 삽시다 – 생물 다양성과 도시

1. Dohm, Susanne. (2019) Der Boden. Christoph Links Verlag, Berlin.

2. UNEP (2014): Sand, rarer than one thinks. Global Environmental Alert Service (GEAS), March 2014 [https://na.unep.net/geas/archive/pdfs/GEAS_Mar2014_Sand_Mining.pdf].

3. Niemann, Hildegrd / Maschke, Christian (2004): Noise effects and morbidity – WHO LARES Final report [https://www.euro.who.int/__data/assets/pdf_file/0015/105144/WHO_Lares.pdf].

4. Bairlein, Franz (2015): Lichtverschmut-zung – Das Ende der Nacht; LBV-Maga-zin 02/2015, S. 34 f. [https://www.lbv.deratgeber/naturwissen/lichtverschmutzung/].

5. Klaus, Gregor / Kägi, Bruno / Kobler, René L. / Maus, Katja / Righetti, Antonio (2005): Empfehlungen zur Vermeidung von Lichtemissionen. Bundesamt für Umwelt, Wald und Landschaft, Bern

6. BMU (2018): Hintergrundpapier zum Abschlussbericht der Studie "Natur-kapital Deutschland – TEEB DE" [https://www.bmu.de/fileadmin/Daten_BMU/Download_PDF/Naturschutz/teeb_hintergrund_bf.pdf].

7. Vaz Monteiro, Madalena et al. (2019).: The role of urban trees and greenspaces in reducing urban air temperatures. Forestry Commission Research Note [https://www.forestresearch.gov.uk/documents/7125/FCRN037.pdf].

8. Vaz Monteiro, Madalena et al. (2016): The impact of greenspace size on the extent of local nocturnal air tempe-rature cooling in London, in: Urban Forestry & Urban Greening, 16 [http://dx.doi.org/10.1016/j.ufug.2016.02.008].

9. Ellison, David et al. (2017): Trees, forests and water: Cool insights for a hot world. Global Environmental Change [https://doi.org/10.1016/j.gloenv-

Chapter 7
떴다, 인간! – 생물 다양성과 여행

1. Downs, C. A., et al. (2016): Toxicopatho-logical Effects of the Sunscreen UV Fil-ter, Oxybenzone (Benzophenone-3), on Coral Planulae and Cultured Primary Cells and Its Environmental Contami-nation in Hawaii and the U. S. Virgin Islands. in: Arch Environ Contam Toxicol 70 [https://doi.org/10.1007/s00244-015-0227-7].
2. https://www.cntraveller.com/gallery/most-beautiful-places-in-the-world.

Chapter 8
세상을 돌리는 힘 – 생물 다양성과 에너지

1. O. V. (2012): Belgier machen Biosprit aus totem Pottwal, in: Focus, 10.12.2012 [https://www.focus.de/panorama/welt/fett-soll-50000-kilo-wattstunden-strom-liefern-belgier-machen-biosprit-aus-to-tem-pottwal-_aid_712841.html].
2. Hawronsky, Jane-Marie / Holah, John (1997): ATP: A universal hygiene monitor. Trends in Food Science & Technology 8(3) [https://www.science-direct.com/science/article/abs/pii/S0924224497010091?via%3Dihub].
3. Boell-Stiftung (2015): Bodenatlas 2015 [https://www.boell.de/sites/default/files/bodenatlas2015_iv.pdf?dimension1=ds_bodenatlas].
4. BUND Regionalverein Südlicher Ober-rhein (2019): Windenergie, Win-dräder, Windkraft, Vögel, Fledermäuse & Vogelschlag: Glasscheiben, Freile-itun-gen, Straßenverkehr, Katzen, Eisen-bahn & Insektensterben [http://www.bund-rvso.de/windenergie-windraeder-voegel-fledermaeuse.html].
5. NABU (2017): Bis zu 2,8 Millionen Vögel sterben pro Jahr an Strom-leitun-

gen [https://www.nabu.de/news/2017/03/22059.html].

6. BUND Regionalverein Südlicher Ober-rhein (2020): Vogelsterben Deutsch-land & Meisensterben! Ursachen: Insekten-sterben, Agrargifte, Neonicot-inoide, Glyphosat, Naturzerstörung, Katzen, Usutu-Virus & Verkehr oder Windräder & Rabenvögel? [http://www.bund-rvso.de/vogelsterben-ursa-chen.html].

7. Winemiller, K. O., et al. (2016): Balan-cing hydropower and biodiversity in the Amazon, Congo, and Mekong. Science351(6269) [https://science.sci-encemag.org/content/sci/351/6269/128.full.pdf].

Chapter 9
살아 숨 쉬는 연구실 – 생물 다양성과 기술

1. Yoksoulian, Lois (2019): Artificial photosynthesis transforms carbon dio-xide into liquefiable fuels [https://news.illinois.edu/view/6367/789800#im-age-2].

2. FIner, Matt (2018): Combating defo-restation: From satellite to intervention. Science 22 Jun 2018, 360 (6395)[https://science.sciencemag.org/content/sci/360/6395/1303.full.pdf].

Chapter 10
자연에 가격표를 달아도 될까

1. Werner Theobald: Abstraktion ist der Tod der Ethik. Albert Schweitzers Ethik der Ehrfurcht vor dem Leben; in: der blaue reiter Ausgabe 37, S. 44 [https://www.ethik.uni-kiel.de/de/publikationen/dbr37-Thema-Theobald.pdf; 29.06.2020].

2. BMU, BfN (2016): Naturbewusstseins-studie 2015, S. 14.

3. Klaus Töpfer (2005): Umweltzerstörung und Armut als Wachstumsbremsen Jahreskonferenz des Rates, in: Rat für nachhaltige Entwicklung: Für eine Neu-bewertung von Umwelt und Wachstum. Nachhaltigkeit in der inter-nationalen Zusammenarbeit.

4. Naturkapital Deutschland – TEEB DE (2012): Der Wert der Natur für Wirtschaft und Gesellschaft. Eine Einführung. München, ifuplan; Leipzig, Helmholtz-Zentrum für Umwelt-forschung – UFZ; Bonn, Bundesamt für Naturschutz.

5. Eser, Uta (Hrsg.) (2020): Biodiversität und Ethik, in: Earth System Knowledge Platform, ESKP-Themenspezial Bio-diversität im Meer und an Land. Vom Wert biologischer Vielfalt.

Chapter 11
유지하기와 바로잡기

1. Poorter, Lourens, et al. (2015): Diversity enhances carbon storage in tropical forests, in: Global Ecology and Biogeo-graphy, 24(11).

2. Mahowald, N. M. (2017) Are the impacts of land use on warming under-estimated in climate policy. Environ. Res. Lett. 12(9).

3. Coad, L., et al. (2019) Widespread shortfalls in protected area resourcing undermine efforts to conserve bio-diversity. Front Ecol Environ 2019; 17(5): 259–264.

4. Visconti, P., et al. (2019) Science 436: 6437: 239–241.

5. Schutzgemeinschaft Deutscher Wald: Waldanteil in Deutschland [https://www.sdw.de/waldwissen/wald-in-deutschland/waldanteil].

6. BMU: Nationale Waldschutzpolitik [www.bmu.de/themen/natur-biol-ogische-vielfalt-arten/naturschutz-biologische-vielfalt/waelder/natio-nale-waldschutzpolitik].

7. UBA (2010): Die Wasserrahmenrichtli-nie [https://www.umweltbundesamt.de/publikationen/wasserrahmenrichtlinie-auf-weg-zu-guten-gewaessern].

8. LPV Freising (2011): Vorgehensweise und Probleme bei der Renaturierung Gewässer 3. Ordnung im Landkreis Freising [https://www.lpv.de/fileadmin/user_upload/data_files/Vortraege/WRRL-Qualifizierung/Bayern/6_Maino_Gew%C3%A4sserrenaturierung.pdf].

9. Freibauer, A., et al. (2009): Natur und Landschaft 84(1).

10. US Fish & Wildlife Service: California Condor Recovery Program [www.fws.gov/cno/es/CalCondor/Condor.cfm].

Chapter 12
필요한 건 팀플레이

1. BMU (2018): Biologische Vielfalt in Deutschland. Rechenschaftsbericht 2017 [https://www.bmu.de/fileadmin/Daten_BMU/Pools/Broschueren/biologische_vielfalt_bf.pdf].

2. Latin American Water Funds Partner-ship (2020): Fondo para la Protección del Agua (FONAG) Quito, Ecuador [https://www.fondosdeagua.org/content/dam/tnc/nature/en/docu-ments/latin-america/wfquito.pdf; 29.06.2020].

3. University of North Carolina at Chapel Hill (2007): Drug Derived From Gila Monster Saliva Helps Diabetics Control Glucose, Lose Weight, in: ScienceDaily, 12.07.07 [https://www.sciencedaily.com/releases/2007/07/070709175815.htm].

4. Takacs, Z. / Nathan, S. (2014): Animal Venoms in Medicine, in: Encyclopedia of Toxicology, 2014(1) [http://zoltantakacs.com/zt/ma/dl/Takacs_Zoltan_2014_Animal_venoms_medicine.pdf].

5. Robinson, Daniel (2012): Towards Access and Benefit-Sharing Best Practice Pacific Case Studies [http://www.abs-initiative.info/uploads/media/ABS_Best_Practice_Pacific_Case_Studies_Final_01.pdf].

6. GFK (2020): Bilanz des Helfens 2020 [https://www.spendenrat.de/wp-content/uploads/2020/03/Bilanz_des_Helfens_2020.pdf].

7. NABU: Stunde der Gartenvögel [https://www.nabu.de/tiere-und-pflanzen/aktionen-und-projekte/stunde-der-gartenvoegel/index.html].

8. Max-Planck-Gesellschaft (2018): Number of wild mountain gorillas exceeds 1000 [https://www.mpg.de/12057180/number-of-wild-mountain-gorillas-exceeds-1-0001].

9. Gorilla Trek Africa [https://www.rwandagorilla.com/gorilla-permits.html].

| 사진 출처 |

16쪽	Richard Whitcombe / 셔터스톡
23쪽	YuriyKot / 셔터스톡
24쪽	Peter Yeeles / 셔터스톡
25쪽	Andrew Butko / 위키피디아
28쪽	Ger Metselaar / 셔터스톡
33쪽	raymond tercafs / bluehand / 셔터스톡
36쪽	Vaganundo_Che / 셔터스톡
44쪽	Arzu Kerimli / 셔터스톡
46쪽	Opalev Vyacheslav / 셔터스톡
64쪽	Gustavo Frazao / 셔터스톡
67쪽	Neo Edmund / 셔터스톡
70쪽	CL-Medien / 셔터스톡
75쪽	Yandong Yang / 셔터스톡
79쪽	Tetiana Babych / Bruno Weymeis / 셔터스톡
83쪽	Huaykwang / 셔터스톡
85쪽	Pierre-Yves Babelon / 셔터스톡
92쪽	M.Vetter / 셔터스톡
94쪽	MAGNIFIER / 셔터스톡
100쪽	O'KHAEN / 셔터스톡
101쪽	Supratchai Pimpaeng / 셔터스톡
109쪽	Eugene Troskie / 셔터스톡
112쪽	Zoia Kostina / 셔터스톡
114쪽	Natali Poroshina / 셔터스톡
123쪽	Ruslan Gubaidullin / 셔터스톡
124쪽	Damsea / 셔터스톡
126쪽	Alex Traveler / 셔터스톡
128쪽	Guy Cowdry / 셔터스톡
134쪽	glenda / 셔터스톡
136쪽	A. Emson / 셔터스톡
147쪽	Alexander Migl / 위키피디아

153쪽   JJFarq / 셔터스톡

157쪽   Francois Roux / 셔터스톡

158쪽   Camilo Torres / 셔터스톡

159쪽   ThomBal / 셔터스톡

162쪽   Delbars / 셔터스톡

173쪽   MOIZ HUSEIN STORYTELLER / 셔터스톡

175쪽   Ondrej Prosicky / 셔터스톡

176쪽   Flower_Garden / dwi putra stock / 셔터스톡

178쪽   Ezume Images / 셔터스톡

184쪽   anko70 / 셔터스톡

188쪽   Breck P. Kent / 셔터스톡

192쪽   Tupungato / 셔터스톡

194쪽   vincentchuls / 셔터스톡

196쪽   Praetorius / 위키피디아 독일

199쪽   Tran Quoc Hung / 셔터스톡

201쪽   Nadezda Murmakova / 셔터스톡

206쪽   Rad K / 셔터스톡

210쪽   Anton_Ivanov / 셔터스톡

213쪽   Terri A1 / 셔터스톡

220쪽   Kevin Wells Photography / 셔터스톡

230쪽   SNEHIT PHOTO / 셔터스톡

234쪽   Barbara Ash / 셔터스톡

236쪽   Vladislav T. Jirousek / 셔터스톡

240쪽   r.classen / 셔터스톡

242쪽   Jag_cz / 셔터스톡

250쪽   Klaas Vledder / 셔터스톡

255쪽   GUDKOV ANDREY / 셔터스톡

261쪽   SL-Photography / 셔터스톡

263쪽   Kris Wiktor / 셔터스톡

271쪽   GUDKOV ANDREY / 셔터스톡

274쪽   Paapaya / 셔터스톡

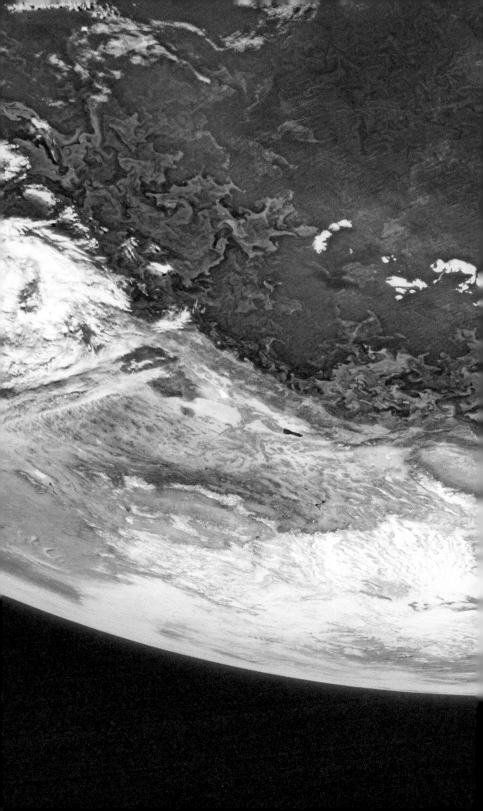

북트리거 일반 도서

북트리거 청소년 도서

모기가 우리한테 해 준 게 뭔데?

절박하고도 유쾌한 생물 다양성 보고서

1판 1쇄 발행일 2022년 8월 10일

지은이 프라우케 피셔·힐케 오버한스베르크
옮긴이 추미란
펴낸이 권준구 │ **펴낸곳** (주)지학사
본부장 황홍규 │ **편집장** 윤소현 │ **팀장** 김지영 │ **편집** 양선화 박보영 김승주
기획·책임편집 양선화 │ **디자인** 정은경디자인
마케팅 송성만 손정빈 윤술옥 이혜인 │ **제작** 김현정 이진형 강석준
등록 2017년 2월 9일(제2017-000034호) │ **주소** 서울시 마포구 신촌로6길 5
전화 02.330.5265 │ **팩스** 02.3141.4488 │ **이메일** booktrigger@jihak.co.kr
홈페이지 www.jihak.co.kr │ **포스트** http://post.naver.com/booktrigger
페이스북 www.facebook.com/booktrigger │ **인스타그램** @booktrigger

ISBN 979-11-89799-76-2 (03470)

북트리거

트리거(trigger)는 '방아쇠, 계기, 유인, 자극'을 뜻합니다.
북트리거는 나와 사물, 이웃과 세상을 바라보는 시선에 신선한 자극을 주는 책을 펴냅니다.